K/M/U

FIT FÜR DEN STARTUP-SPIRIT IN KMU

7x3 Fragen und Antworten zu Themen, bei denen Startups erfolgreicher sind

Fueglistaller
Tinner
Weber
Wolf

FIT FÜR DEN STARTUP-SPIRIT IN KMU

1. Auflage 2018

Gestaltung und Lektorat: alea iacta Gruppe, St.Gallen
www.alea-iacta.ch

ISBN 978-3-906541-39-6
www.kmu-tag.ch/kmu-startup-spirit

K/M/U

INHALT

0/7/A

KAPITEL 0

Vorwort
«Worum es geht»

WOZU BRAUCHT ES DAS BUCH «FIT FÜR DEN STARTUP-SPIRIT IN KMU»?

Auf der Suche nach dem Thema für dieses siebte Buch in der «Fit für …»-Reihe stellten wir uns die Frage: Von wem können Klein- und Mittelunternehmen (KMU) denn am ehesten noch etwas lernen? Schnell landeten wir in unserer Diskussion bei den «Startups», wie neu gegründete Unternehmen seit wohl gut 20 Jahren heissen. Wenn wir den Begriff hören, denken die wenigsten von uns allerdings an Rechtsanwälte, die ihre erste Kanzlei eröffnen, oder an Schreiner, die sich nach der Lehre selbständig machen. Nein, dank Fernsehsendungen wie «Die Höhle der Löwen» und unzähligen Porträts und Erfolgsgeschichten in den Medien erscheint vor unserem geistigen Auge eine jugendliche, hippe Gründerperson, die eine gute Idee meistens mit einer App oder jedenfalls «im Internet» umgesetzt hat und nach einem unerklärlich schnellen Wachstum samt noch schnellerem Verkauf des Unternehmens noch unter 30 Jahren Millionär geworden ist und nun in neue «Startups» investiert.

Kein Wunder, steht dieser Begriff heute für eine neue Art von Wirtschaften, in der neue Konzepte, neue Ansätze und Ideen gefragt sind. In Berlin oder Zürich sind genauso wie im Silicon Valley ganze Stadtteile von dieser neuen Kreativwirtschaft geprägt, und Startup-Praktika haben als Berufswunsch bei vielen Studierenden die Banken- und Beratungsjobs abgelöst. Man hört sogar regelmässig von Bankern, die aus ihrem gutbezahlten Direktorenjob aussteigen und irgendwo auf dem Land eine Lachsräucherei oder eine Harley-Davidson-Tuning-Werkstatt eröffnen. Sie sind, so erzählt man sich, dem «Startup»-Zauber erlegen, den schon Hermann Hesse (prophetisch, aber in anderem Zusammenhang) erahnt hat, als er festhielt, dass «jedem Anfang ein Zauber innewohnt».

Uns geht es in diesem Buch weniger um den Zauber als um den «Spirit» und die (neue) Lust an der Arbeit und am Job, die man in «Startups» findet. Klar, die Gründerphase war auch früher in den Unternehmen die spannendste. Aber nie war «Gründen» als Thema so präsent wie heute. Und nun wollen wir also etwas vom Startup-Spirit in die KMU-Welt hineintragen (wo die Startups als Kleinst- und Kleinunternehmen eigentlich schon drin sind). Warum?

Jedes erfolgreiche Unternehmen erfindet sich immer wieder neu, um den Anforderungen der Mitarbeitenden wie der Kund(inn)en gerecht zu werden bzw. zu bleiben. Häufig sind KMU aber so gut etabliert und «satt», dass sie wieder viel von nicht etablierten Strukturen, Philosophien und Strategien lernen können. Sich mit Startups zu vergleichen, das unterstützt die kritische Selbstreflexion. Wieder einmal wie ein Startup zu denken oder – noch besser – zu handeln, das kann helfen, neue und zukunftsträchtige Geschäftsfelder zu entdecken. Sich als Startup zu sehen, hilft, kurz gesagt, jedem Unternehmen «jung» zu bleiben, im Unternehmens-Lebenszyklus also den kritischen Reifegrad nie zu erreichen und damit quasi «ewig» zu leben.

Eine unserer Studien zu einem früheren Schweizer KMU-Tag hat gezeigt, dass erfolgreiche, querdenkende Unternehmerinnen und Unternehmer sich selbst immer wieder in Frage stellen und damit einen regelrechten Startup-Spirit vorleben. Das sollten sich alle KMU und ihre Führungskräfte vornehmen: Nicht neidisch auf Startups blicken, die von Medien, Investoren und Banken «gehätschelt» und oft auch – im Wortsinn! – «überbewertet» werden. Sondern: sich von Firmenkultur, Ideen und beherztem «Probieren» inspirieren lassen. Kombiniert mit der langjährigen Erfahrung im Markt und mit der Verankerung bei den eigenen Kunden kann das zum eigentlichen Erfolgsrezept für ein Unternehmen werden. Wollen Sie vielleicht auch vom Verwalter Ihres eigenen Erfolgs zum Gestalter Ihrer eigenen Zukunft werden? Lassen Sie sich doch, wie wir, vom Gründergeist neu inspirieren.

1/7/A

KAPITEL 1

«Philosophie»

Frage A:

WAS SIND STARTUPS?

«Jede gelungene Idee beginnt als Schnapsidee.»
Ludwig Hasler,
Schweizer KMU-Tag 2017

Für dieses Kapitel könnte ein Satz ausreichen: «Startups ist die Bezeichnung für Unternehmen in ihrer Gründungsphase, die nach fünf Jahren als abgeschlossen gilt.» Diese Definition könnte bei Wikipedia abgeschrieben sein – 2001 gegründet, hat diese Plattform den Startup-Status längst verloren, ist dafür weltweit etabliert. Wären wir ein Startup, dann hätten wir uns wegen der Definition keinen Kopf gemacht, sondern tatsächlich rasch bei Wikipedia, Google oder auf einer Startup-Plattform nachgelesen und die Definition übernommen.

Startups stehen nämlich auch für eine neue Art des Wirtschaftens, die sich an den Verhaltensweisen orientiert, die uns das Internet beigebracht hat. Und dazu gehört, dass man sich den Kopf nicht immer selbst zerbricht, sondern gerne Dinge von anderen übernimmt, die schon das gleiche Problem, dieselbe Frage oder dasselbe Ziel hatten. Gleichzeitig hat man dann aber auch nichts dagegen, wenn andere die eigenen Erkenntnisse übernehmen, denn «Sharing» («Teilen») ist eines der Zauberworte, die mit dieser neuen Wirtschaftswelt wichtig geworden sind.

Ein Startup ist aber nicht einfach ein neues Unternehmen, es ist für viele Gründerinnen und Gründer der Beginn einer möglichen, grossen Geschichte, der Start in ein Abenteuer, eine verwirklichte Sehnsucht, ein Vorhaben, von dem einem viele abraten. Das wichtige Wort in dieser Aufzählung ist «verwirklicht». Denn ebenso wie bei einer Innovation zählt auch beim Startup die Umsetzung: Eine Idee oder eine Patentanmeldung allein ist nämlich noch kein Startup. Das «Startup im engeren Sinn» (oder jenes, von dem eine ganze Gründergeneration immer wieder träumt) ist jenes, das eine Branche und deren Dynamik ganz aufbricht und diese Branche und ihre Regeln nachhaltig und ganz («disruptiv») verändert.

Potenziell erfolgreiche Startups nehmen ein dringendes Bedürfnis von Konsumentinnen und Konsumenten oder von Märkten auf und haben dafür eine smarte Lösung, wobei smart gleichzeitig intelligent und cool meint. Derzeit (aber das kann sich ändern) erfüllen junge Gründer, jedenfalls die männlichen, die «3B», und das nicht mehr die in klassischen KMU bei Apéros bekannten «Bratwurst, Bürli und Bier»: Sie haben einen Bart, einen Businessplan und wirken vornehmlich und gern in Berlin. Dazu kommt ein Markt und eine «skalierbare» Idee. Auch das gehört zur

Vision eines zeitgemässen Startups: Dass die dahinterstehende Idee ein Potenzial hat, das weit über einen lokalen Standort und lokalen Markt hinausgeht: Weil sehr oft digitale Geschäftsideen umgesetzt werden, haben diese schon *grundsätzlich* das Potenzial, global auf Nachfrage zu stossen. Allerdings: Nicht nur der Markt ist potenziell die ganze Welt, auch die Konkurrenz kann von überall her kommen.

Startups, über die häufig berichtet wird und die damit zum Vorbild für andere werden, kombinieren häufig Dinge miteinander, die auf den ersten Blick nicht zusammengehören, oder sie finden neue Nischen, in denen ihre Dienstleistung oder ihr Produkt gefragt ist. Und weil sie oft ziemlich ungewöhnliche Ideen haben, finden sie auch junge Mitarbeitende, die überdurchschnittlich motiviert sind und oft eine nutzenstiftende Aufgabe suchen.

Startups finden aber noch viel mehr Dinge, die bei der Gründung klassischer KMU eher Mühe machten: Sie finden finanzielle Mittel auch ausserhalb der Gruppe «Family, Friends and Fools», bei Investoren oder über Crowdfunding. Bei anderen offiziell auf einer Plattform um Geld fragen, das gehört(e) sich nicht für klassische KMU. Beim Startup wird es zum «Proof of Concept»: Mögen die Leute meine Idee und bezahlen sie dafür? Das Marketing fällt ihnen leicht, und sie finden mit ihren Ideen Platz im redaktionellen (also unbezahlten bzw. unbezahlbaren) Raum von Medien. Sie erzählen eine – oft spannende – Geschichte von Gründung und Ideenfindung, und sie stellen den Sinn ihrer Arbeit in den Mittelpunkt der Kommunikation, nicht die Zahlen wie Umsatz und Gewinn.

Dennoch: So positiv der Begriff mit «Start» und «up» auch tönt, es geht keineswegs immer und von Anfang an «aufwärts». Und die meisten überleben die 5-Jahres-Gründerphase nicht. Dennoch ist die Existenzfrage nicht die allein entscheidende. Denn das – ursprünglich von Samuel Beckett (der von Startups noch nichts wusste) stammende Mantra der Startup-Szene lautet: «Ever tried. Ever failed. No matter. Try again. Fail again. Fail better.» Die Möglichkeit, ohne Gesichtsverlust zu scheitern, ja daraus sogar Kraft und Erfahrung zu gewinnen, um irgendwann nicht mehr zu scheitern, prägt die Startup-Kultur, genauso wie das *Unicorn** («Einhorn»): die Vision, einmal ein Unternehmen zu gründen, das am Ende über eine Milliarde Dollar wert ist und dann eher nicht mehr zu den KMU gehört und daher so selten wie ein Einhorn ist.

** in jedem Kapitel verwenden wir einen Fachbegriff, den Startups zumindest einmal täglich benützen.*

Kritische Fragen an mich selbst

Wann habe ich zum letzten Mal die Geschichte eines erfolgreichen Startups gelesen und mich inspirieren lassen?

/

Hat mein Unternehmen und habe ich auch eine Geschichte zu erzählen, die spannend und authentisch ist?

/

Was spricht dagegen, für ein Projekt meines Unternehmens über Crowdfunding Finanzen zu beschaffen?

1/7/B

KAPITEL 1

«Philosophie»

Frage B:

WIESO SOLLTEN SICH KMU FÜR STARTUPS INTER-ESSIEREN?

«Wenn Sie Ihre Firma weiterbringen
wollen, setzen Sie sich
mit den Jungen zusammen.»
Notker Wolf,
Schweizer KMU-Tag 2014

Schon Ordensgründer Benedikt von Nursia, dessen Regel ja gerne auch von Wirtschaftsgrössen zitiert wird, hat viel von den Jungen gehalten. Er schreibt: «Dass aber alle zur Beratung zu rufen seien, haben wir deshalb gesagt, weil der Herr oft einem Jüngeren offenbart, was das Bessere ist.» Auch wenn es hier nicht um die Organisation in einem Kloster geht und die wenigsten von uns im Wirtschaftsleben an Offenbarungen glauben: Die Erfahrung zeigt, dass gegenseitiges Lernen über den Austausch zwischen verschiedenen Generationen besonders wichtig und fruchtbar ist.

Und Startups sind ja nichts anderes als eine neue, junge Generation von Unternehmen, mit Unternehmerinnen und Unternehmern, die in ihrer wirtschaftlichen Tätigkeit viel von dem leben, was wir von der Jugend ohnehin erwarten: Begeistert und bedingungslos engagiert, kreativ und leidenschaftlich überzeugt von der eigenen Idee, voller Glauben an sich selbst und an die Kompetenz der Mitarbeitenden: Das ist doch auch das Erfolgsrezept für KMU, wie wir sie kennen. Zumindest also kann der Blick auf Startups die eigene Gewissenserforschung auslösen: Sind wir in unserem Unternehmen noch leidenschaftlich am Werk? Sind wir überzeugt von unseren Produkten und Dienstleistungen? Glauben wir an die Talente und das Engagement unserer Mitarbeitenden?

Den Lebenszyklus von KMU kann man durchaus mit den Lebensphasen der Menschen, die in diesen KMU tätig sind, vergleichen: Im jugendlich Elan gegründet, wachsen und gedeihen sie in den mittleren Jahren, während am Ende ihres Lebenszyklus je nach Unternehmerpersönlichkeit die Weisheit des Alters oder Altersstarrsinn überwiegt. Und genauso wie Menschen, die den Austausch mit der Jugend pflegen und deren neue Erkenntnisse ernst nehmen, geistig fitter und beweglicher bleiben, genauso kann die KMU-Fitness im Austausch mit der Startup-«Jugend» aufrechterhalten und gestärkt werden.

Dieses «Jugend-Gen» sollten auch Mehrgenerationsunternehmen immer wieder bei sich selbst entdecken, aktivieren und kultivieren: Erneuerung nämlich ist einer der zentralen Treiber des Erfolgs von Klein- und Mittelunternehmen. Umgekehrt können Startups natürlich auch von KMU lernen, ... aber das ist weniger das Thema dieses Buchs.

Die Parallelen zum menschlichen Lebenslauf sind damit übrigens noch nicht erschöpft: Genauso wie eine nächste Generation im eigenen Unternehmen Dinge anders macht, gehen auch Startups anders an Aufgaben heran und in Märkte hinein. Und da passiert dann hin und wieder das, was in dieser bekannten Anekdote zusammengefasst ist: «Alle sagten: Das geht doch nie. Bis einer kam, der davon nichts wusste. Und es ging.» Ja, Nichtwissen kann dazu führen, dass man Modelle ausprobiert, die andere im selben Markt aufgrund ihrer Erfahrungen gar nicht erst einsetzen. Wenn Sie also das nächste Mal in Ihrer Firma über eine Innovation diskutieren, dann versuchen Sie mal, die Bedenkenträger zu missachten und einfach mal zu probieren.

«Trial and error» ist ein spannender Ansatz, werden Sie denken, aber er kann auch teuer werden und Flops produzieren. Stimmt, aber war es in der Gründungsphase Ihres Unternehmens nicht sogar so, dass Sie vielleicht – anders als die meisten Startups heute – nicht mal einen Businessplan geschrieben haben? Haben Sie nicht vieles einfach ausprobiert, bevor Sie dann erfolgreich und satt wurden und diesen Erfolg verwaltet haben?

Sie merken schon: Wenn KMU sich an Startups orientieren sollen, dann kommt schnell eine

«Back to the Roots»-Stimmung auf: zurück zum Unternehmertum, zu einem Ansatz, der lustvoll und ideenreich Dinge testet, nach Kundenbedürfnissen fragt und Visionen hat. Das braucht Mut, denn es ist so ähnlich, wie wenn Sechzigjährige noch mit Fallschirmspringen oder Gleitschirmfliegen beginnen. Da ist der emotionale «Gegenwind» im Freundes- und Kollegenkreis heftig. Sehen Sie es als Chance, denn ohne Gegenwind hebt kein Gleitschirm ab, wird keine Geschäftsidee erfolgreich.

Natürlich haben Sie inzwischen Abläufe und Regeln in Ihrem Unternehmen, die nicht unbedingt zum Gründungs-Groove passen. Und vielleicht auch Mitarbeitende, die für solche Abenteuer nicht gerüstet oder bereit sind. Auch dafür gibt es Modelle: *Spin-offs* (das sind Startups, die aus einem bestehenden Unternehmen oder zum Beispiel aus einem Universitätsprojekt heraus gegründet werden) sind etwa gut geeignet, etwas zu probieren, ohne das «Running Business» zu gefährden. Machen Sie aus einem Projekt mit Potenzial ein eigenes kleines Unternehmen, und Sie werden sehen, dass es den Startup-Spirit quasi von allein entwickeln wird.

Kritische Fragen an mich selbst

Wann habe ich mich zuletzt von jungen Menschen wie Lehrlingen oder Studierenden inspirieren lassen?

/

Spüre ich hin und wieder Lust, nicht nur in der Freizeit, sondern auch im Geschäftsleben etwas Neues zu wagen?

/

Gibt es in meinem Unternehmen Projekte und Ideen, die das Potenzial für eine Spin-off-Gründung haben?

1/7/C

KAPITEL 1
«Philosophie»
Frage C:

IST «SPIRIT» EIN TREIBER FÜR UNTER-NEHMERISCHE TÄTIGKEIT?

«Menschen wollen Spuren hinterlassen.»
Thomas Bieger,
Schweizer KMU-Tag 2014

An dieser Stelle geben wir zu, dass dieser Band ursprünglich einen anderen Titel tragen sollte. Wir hatten uns schon auf das Thema «Startup-Lust» verständigt, ehe wir uns dann doch für «Startup-Spirit» entschieden haben. Aber wahrscheinlich gehört eben «Lust« auch ganz wesentlich zu «Spirit», mit dem Unterschied, dass man als Einzelperson Lust haben oder eben nicht haben kann, während «Spirit» eher etwas ist, was in einem Team und auf einem gemeinsamen Weg entscheidet. Bei beiden Begriffen geht es aber auch um Leidenschaft, um einen emotionalen Zustand, der uns vieles leichter macht, uns vorwärts treibt und im Negativen immer auch das Positive, im Problem die Chance sehen lässt.

Dennoch steht am Anfang eines Startups wohl auch mal die pure «Lust»: Lust darauf, einfach mal etwas Anderes zu machen; Lust darauf, mit anderen etwas auszuprobieren; Lust darauf, ein wenn auch noch so kleines Unternehmen zu gründen; Lust darauf, das theoretisch Verstandene und Erlernte ganz praktisch auf die Probe zu stellen; und Lust darauf zu sehen, ob es gelingen kann, mit einem Produkt oder einer Dienstleistung einen «Hype» auszulösen, am Ende an der Börse zu landen – oder anders formuliert: erfolgreich im wirtschaftlichen Sinn zu sein.

Wahrscheinlich entsteht der Startup-Spirit dann besonders leicht, wenn sich Menschen treffen, die Lust auf Neues und Leidenschaft für eine Idee mitbringen, so dass aus dieser gemeinsamen Haltung im Startup-Alltag (der sich häufig in den Abend- und Nachtstunden abspielt) eine Art «Flow» entsteht. Dieses quirlige, intensive Treiben, Agieren und Reagieren gehört zu jeder Startup-Phase.

Es geht also um die Lust, unternehmerisch tätig zu sein, verbunden mit der (Team-)Begeisterung, gemeinsam Ziele zu erreichen. Solche Eigenschaften sind zwar durchaus auch in klassischen Klein- und Mittelunternehmen gefragt und vorhanden, aber sie geraten umso stärker in den Hintergrund, je länger Unternehmen auf dem Markt sind und je länger sie ohne grosse Erneuerung mit den immer gleichen Produkten und Dienstleistungen Gewinne schreiben.

Versuchen wir, den «Startup-Spirit» mal am Beispiel der Haltung von Angestellten zu beschreiben: Der/die durchschnittliche Angestellte in KMU geht einigermassen motiviert zur Arbeit und löst die täglichen Aufgaben mit Kompetenz,

Routine und durchaus auch mit dem Ehrgeiz, so zum Erfolg der Firma beizutragen. Seinen/ihren Lohn sieht er/sie als (hoffentlich!) angemessene Entschädigung dafür, dass er pro Woche 40 Stunden oder mehr für die Firma einsetzt. Sie/er ist bereit, ebenfalls angemessen entlöhnte Überstunden zu leisten, wenn sie denn nötig sind. Für Neuerungen ist er/sie offen, wobei die Skepsis ihnen gegenüber mit längerer Verweildauer im Unternehmen zunimmt. Eigene Ideen bringt sie/er eher zurückhaltend ein, wenn sie über seinen eigenen Arbeitsplatz hinausgehen. Dank mittlerer Zufriedenheit bleibt er/sie eher lange im gleichen Unternehmen, wo er/sie mit der Zeit auch gerne mehr Verantwortung übernimmt und so in regelmässigen Abständen auch etwas mehr Lohn erhält. Im Anstellungsgepräch ging es seinerzeit vor allem um die Fragen Kompetenzen, Lohn, Ferien: Beide Seiten verhandeln über Details.

«Durchschnittliche Angestellte» kennt ein Startup dagegen schon deshalb nicht, weil es jede und jeden auffordert, seine eigene Persönlichkeit ganz in den Dienst der Firma zu stellen. Er wird so gleich zu Beginn zu einem wichtigen Teil des Teams, dessen Ideen sehr gefragt sind. Im Bewerbungsgespräch geht es um Stichworte wie Sinn, Motivation, Überzeugung in Sachen Geschäftsidee statt um Formalitäten. Der Lohn ist oft zweitrangig, die Gründer beziehen ja auch (noch) kein Gehalt: Die Aussicht auf späteren Gewinn, die (wenn auch oft kleine) Beteiligung am Unternehmen lassen ja hoffen. Im Alltag kommen die Mitarbeitenden zwar eher gegen 9 ins Unternehmen, bleiben aber dann bis spätabends und müssen eher einmal gegen ihren Willen nach Hause geschickt werden: Es geht schliesslich darum, mit Engagement der grossen Idee, dem eigenen *Baby* (gängige Bezeichnung für ein selbst gegründetes Startup) zum Durchbruch zu verhelfen.

Was also treibt die Startup-Leute an? Es ist eine Mischung aus spielerischem Anreiz («Einfach mal probieren») und grosser Vision, mit der Idee einmal zu einem globalen «Changemaker» zu werden. Ganz wichtig ist die eigene Haltung: Du «musst» nicht, du «darfst» und «kannst». Und wenn alle dürfen und freiwillig machen, dann entsteht dieser «Spirit» – vorausgesetzt, es gibt ein gemeinsames Ziel. Sich dann in diesem Team wohlfühlen, in der Vision vereint sein und zur verschworenen «Community» werden, das ist dann tatsächlich ein unternehmerischer Treiber. Und wie wir aus der Psychologie wissen, wird der Teamgeist tendenziell stärker, wenn die Lage schwierig ist: Deswegen können Startups überschwänglich kleine Erfolge feiern, bei denen in etablierten Unternehmen kein Korken knallt.

Kritische Fragen an mich selbst

Empfinde ich bei der Führung meines Unternehmens «Lust»?

/

Gibt es in unserem Unternehmen auch so etws wie einen gemeinsamen «Spirit»?

/

Welche Haltung dominiert bei uns: «Du musst» oder «Du darfst»?

2/7/A

KAPITEL 2

«Warum alles anders wird»

Frage A:

WAS VERÄNDERT SICH ALLES UND WIE?

«Nur Risiko und Effizienz, geprägt durch mutige Unternehmerinnen und Unternehmer, bringen uns vorwärts.»
Rolf Dubs,
Schweizer KMU-Tag 2007

Wir leben heute in einer sogenannten VUKA-Welt. Und wenn Sie von VUKA (Englisch: VUCA) bisher noch nicht gehört haben, dann arbeiten Sie definitiv nicht in einem Startup. *VUKA* (ja, diesmal ist das Buzzword das Thema des ganzen Kapitels!) ist schon deshalb faszinierend, weil es sozusagen die gesamte Welt und ihren Zustand in vier Buchstaben zusammenfassend beschreibt, wo man doch in unserer Jugend noch für eine einzige Frisur sechs Buchstaben benötigte: Vokuhila (für «vorne kurz, hinten lang»).

Also, die vier Buchstaben stehen für *Volalität* (das heisst Instabilität, grosse Ausschläge, Unberechenbarkeit), *Unsicherheit* (Ungewissheit, keine Sicherheit, ob Regeln von heute morgen noch gelten), *Komplexität* (Vielschichtigkeit, Verflochtenheit) und *Ambiguität* (Doppel- oder Mehrdeutigkeit). Damit fassen sie zusammen, was heute in der Weltpolitik, in der Wirtschaft, im Unternehmen und (vielleicht) auch im Privatleben gilt: Die Welt ist mit einem Mal unübersichtlicher, unsicherer und unberechenbarer geworden. Zwar wussten schon die alten Griechen, dass «alles fliesst» («Panta rhei», Heraklit zugeschrieben). Aber zumindest in der Eigenwahrnehmung empfinden die heute lebenden Generationen offensichtlich so etwas wie ein Ende aller Gewissheiten.

Tatsächlich gibt es gerade in der Wirtschaft, um die es ja in unseren kleinen KMU-Büchern geht, Entwicklungen, die ganze Branchen und Geschäftsmodelle in Frage stellen, die vorher über Jahrzehnte mehr oder weniger problemlos in gewohnten Mustern «geflossen» sind. Die globale Vernetzung, die dank Internet seit 20 Jahren immer stärker geworden ist, ermöglicht es neuen Playern, ganze Märkte «umzupflügen». Und die Unsicherheit darüber, ob nicht der eigene Markt und das eigene Unternehmen von solchen Entwicklungen «überrollt» oder «weggespült» wird, hat wohl schon jede und jeden beschäftigt, die/der unternehmerisch tätig ist.

Und wie (fast) jede Entwicklung bringen diese Veränderungen – trotz der negativen Stichworte mit «Un»-Vorsilbe (Unsicherheit etc.) – neben den Risiken auch Chancen mit sich, gerade für KMU: Ihnen stehen mit einem Mal auch globale Märkte offen, ob beim Absatz oder in der Entwicklung und Forschung. Die Technik erleichtert die Übersicht über Trends und Kundenbedürfnisse. Kundinnen und Kunden werden auch «volatiler», wechseln also auch mal den Anbieter, geben auch kleinen Unternehmen mit «coolen» Produkten eine Chance. Das Schwarmverhalten, ob intelligent oder nicht, nimmt zu. Die Macht der Kund(inn)en nimmt zu, weil ihnen fast die gleichen, kostengünstigen Kommunikationskanäle zur Verfügung stehen wie den Unternehmen: Sind sie Fan deiner Produkte, werden sie andere auch zu Fans machen. Kritisieren sie dich oder dein Unternehmen, dann verbreiten sie diese Kritik schnell und auch global.

Obwohl in Gesellschaft und Wirtschaft eine grosse Übereinstimmung herrscht, dass die Veränderungen in den letzten und wohl auch in den kommenden Jahren gross sind und bleiben, fehlen Rezepte zum Umgang mit dieser Veränderung: Es ist das klassische Problem des Menschen, dass es ihm schwerfällt, Dinge aus einer Aussensicht zu betrachten, wenn er selbst mitten in ihnen steht bzw. eigentlich ja diese Entwicklungen selbst ausgelöst und mitgemacht hat.

Wir tun uns generell schwer, Veränderungen in der kurzen Frist zu bemerken. Das fällt uns spätestens dann auf, wenn wir alte Fotos von uns selber anschauen. Gefühlt sind wir in der verstrichenen Zeit gleich alt geblieben, objektiv gesehen hat sich aber doch viel getan. Gleiches gilt für den Rest der Welt. Es ist erst gegen 25 Jahre her, dass jemand mit einem Natel-C (als «Ziegel» im Auto eingebaut) noch die Ausnahme und der Exot war («Der kommt sich jetzt aber auch wichtig vor!»). Heute ist der Exot jemand, der keinen tragbaren Computer in der Hemd- oder Jackentasche trägt.

Noch schwieriger als das Feststellen von Veränderungen, in denen man selbst mittendrin steckt, ist nur, auf diese Veränderungen richtig und angemessen zu reagieren und die richtigen Entscheidungen für das eigene Unternehmen zu treffen. Auch hier können Startups aber wahrscheinlich ein Vorbild sein: Sie nehmen ja gerade die Veränderungen zum Startpunkt ihrer Business-Ideen. Im Gegensatz zu bestehenden Unternehmen sind sie nicht in Gefahr, sich an Bestehendem, an Margen und Longsellern festzuhalten und das Erreichte festzuhalten – dieses Problem haben die bestehenden Klein- und Mittelunternehmen. Sie sollten zur Kenntnis nehmen: Die von Peter Gross Mitte der 90-er Jahre visionär beschriebene Multioptionsgesellschaft ist Realität geworden. Und die vielen Optionen überfordern gerade KMU, die sich bisher einer einzigen verschrieben hatten. Jetzt gilt, immer wieder neu auszuwählen und die eigenen Flugfähigkeiten der Volatilität der Märkte anzupassen.

Kritische Fragen an mich selbst

Bin ich noch gerne Unternehmer/in und stelle ich mich der VUKA-Welt und ihren Ansprüchen?

/

Wie stark halten wir an Bestehendem fest, wie offen sind wir für Wandel?

/

Wie stark beschäftigt mich der Gedanke, dass der globale Wandel mein Geschäft grundlegend in Frage stellt?

2/7/B

KAPITEL 2

«Warum alles anders wird»

Frage B:

WELCHEN EINFLUSS HAT DIE VERÄNDERUNG AUF MICH?

«Veränderungen sind Chancen – aber man muss sie erkennen.»
Martina Gerster, Schweizer KMU-Tag 2017

Klar, diese Aufforderung haben Sie schon oft gehört: Als Kind, in der Schule, in der Lehre, an der Universität, im Unternehmen und an Tagungen. «Sehen Sie diese Veränderung als Chance.» Und verwendet haben Sie sie wohl auch schon – oft verlangt die Aussage von jemandem, der ohne eigenes Zutun in eine schwierige Situation kommt und der vor vollendete Tatsachen gestellt wird, sich darauf positiv einzustellen. So im Sinn von Watzlawicks «Sei spontan». Auf Veränderungen im Moment ihres Eintritts positiv zu reagieren, das ist eben keine (gute) Handlungsanweisgung, sondern eine Frage der Haltung, die nicht mit einer einzelnen Veränderung zu tun hat, sondern dem eigenen Handeln vorausgeht.

Wenn wir uns also fragen, welchen Einfluss die Veränderung(en) auf uns selbst haben, dann müssen wir – wieder einmal, vgl. frühere Bändchen dieser Reihe – auf die drei Elemente des Wirkungssets «Haltung», «Bereitschaft» und «Handlung» beziehen. Veränderungen in uns und um uns müssen a) wahrgenommen werden, b) kommuniziert werden und c) entschieden werden. Dass Veränderungen wahrgenommen werden, dürfte jedem klar sein. Das Kommunizieren (darüber sprechen, Debatten führen, sich an Diskussionen beteiligen) beachten schon nicht mehr alle. Und das Entscheiden mag irgendwie nicht so recht zur Frage dieses Kapitels passen, gehört jedoch elementar dazu. Erst mit dieser sogenannten Wirkungskompetenz (reflexives Wahrnehmen, Kommunizieren, Entscheiden) sind wir in der Lage, Dinge bezüglich «Bedeutung der Veränderung» und «Dringlichkeit der Veränderung» zu analysieren und entsprechende Schlüsse für uns selbst daraus zu ziehen.

Dieses Vorgehen bringt uns aus der passiven Situation des Menschen, der von der Veränderung beeinflusst wird, in die aktive Position des Menschen, der mit der Veränderung umgeht. Das fällt nicht jedem von uns leicht, denn Verunsicherung, Zweifel, Angst und Frustration sind klassische, innere Stimmungsbilder vieler Menschen, die mit Veränderungen konfrontiert sind. Wir alle kennen jedoch auch Menschen, die Veränderungen lieben, initialisieren und brauchen.

Dazu passt die Verhaltenstheorie, wonach es Menschen gibt, die ihr Verhalten so optimieren, dass sie möglichst viele positive Erfahrungen machen können. Entsprechend entscheiden sie sich bei zwei Optionen jeweils für jene, die ihnen persönlich mehr Nutzen verspricht («Promotion system»). Andere wiederum neigen dazu, bei Entscheiden vor allem Schaden zu vermeiden. Bei zwei Optionen wählen sie die für sie ungefährlichere («Prevention system»). Die einen sind – wenn wir wieder mal die Analogie zu einem Fussballteam aufnehmen – also eher Stürmer(innen), die anderen eher Verteidiger(innen).

Ob Sie selbst und Ihr Unternehmen sich eher auf Angriff oder auf Verteidigung konzentrieren sollten, hängt wohl auch vom derzeitigen Spielstand ab. Wenn Sie schon weit in der zweiten Halbzeit stehen und in Ihrer Branche mit 3:0 führen, kann Verteidigung in Frage kommen. Obwohl: Sie wissen doch, wieviele Tore bei der WM in Russland in den Schlussminuten bzw. in der Nachspielzeit fielen. Stehen Sie jedoch am Anfang des Spiels (das in der Wirtschaft ja hoffentlich leicht länger als 90 Minuten dauert) und haben Sie eine neue, Erfolg versprechende Taktik samt fähigem Team, dann spielen Sie eher auf Angriff.

Tönt alles ganz einfach, oder? Zeit, sich nochmals bewusst zu werden, dass die Regeln des Spiels mit Namen Wirtschaft derzeit ja gerade – während das Spiel läuft! – immer wieder geändert werden. Und zwar von allen: Von den Zuschauerinnen und Zuschauern auf der ganzen Welt, von Schiedsrichtern bei Behörden und Ländern und von den Teams selbst. Plötzlich gewinnt vielleicht nicht mehr die Mannschaft, die mehr Tore schiesst, sondern jene, die eleganter spielt, oder jene, die mehr Sponsoren findet, oder jene, die ohne Ball spielt. Stellen Sie sich vor, was im Fussball los wäre, wenn das so einfach zu ändern wäre. In der globalen Wirtschaft ändern sich Regeln aber wirklich so schnell, und zwar nicht nur wegen einem amerikanischen Präsidenten, der ein Land wie eine Firma führen möchte ;)

Also, nochmals zur Frage, welchen Einfluss die Veränderung auf uns hat. Sie erfordert von uns, dass wir uns selbst hinterfragen: Was will ich wirklich, für mich, für mein Unternehmen, für meine Mitarbeitenden? Und wir müssen wissen, dass diese Mitarbeitenden sich diese Frage ebenso stellen und dann mit ihrem «System» beantworten. Unsere Entscheide werden schwieriger, gleichzeitig auch wichtiger. Wir wählen aus einer unendlichen Anzahl von Möglichkeiten, jede mit Chancen und Risiken. Wir werden dadurch wie von selbst zurückgeworfen in die Situation des Gründens und der Gründer. Wie sie müssen wir den Weg für unser Unternehmen fast täglich neu suchen. Das heisst: Unternehmerin/Unternehmer sein und unternehmerisch handeln muss wieder zu unserem Anspruch werden.

Kritische Fragen
an mich selbst

Wie ist meine persönliche Einstellung zum Thema «Veränderung»?

/

Sehe ich mich im Wirtschaftsleben eher als Verteidiger oder als Stürmerin?

/

Wie gut spüre ich Veränderungen in meinem Umfeld und unseren Märkten?

2/7/C

KAPITEL 2

«Warum alles anders wird»

Frage C:

WAS BEDEUTEN DIE VERÄNDE-RUNGEN FÜR KMU?

«Nicht die Technologien verändern die Welt,
sondern die Nutzung dieser Technologien
durch die Menschen.»
Sascha Lobo,
Schweizer KMU-Tag 2015

Für Klein- und Mittelunternehmen gilt genauso wie für ein Individuum: Sie sind von den Veränderungen in Umwelt, Technologie und Gesellschaft deutlich mehr betroffen als dass sie darauf wesentlichen Einfluss nehmen können. Über Rahmenbedingungen zu klagen und sie für Schwierigkeiten verantwortlich zu machen, das ist allerdings nicht KMU-like. Zur Philosophie – oder sollen wir es neudeutsch sagen: zur DNA – von KMU gehört es, mit äusseren Bedingungen so gut wie möglich umzugehen. So, wie es im Agrar-Zeitalter wohl urmenschliches Verhalten war: Das Wetter können wir, zumindest kurzfristig, nicht beeinflussen. Aber entscheiden, ob wir eine Regenjacke anziehen oder nicht, das ist unser Ding.

Ehrlich gesagt, sind wir aber nicht ganz sicher, ob eine «Regenjacke», also eine Hülle rund um das eigene Unternehmen, die richtige und auch genügende Antwort auf all die schon erwähnten Veränderungen ist. Aber wesentliche Voraussetzung, mit dem Wandel kreativ umzugehen, ist es, für diesen Wandel bereit zu sein, ihn als «Kür» des eigenen Unternehmertums zu sehen und ähnlich wie ein Gleitschirmflieger (haben wir ihn schon erwähnt?) den Gegenwind nicht als hemmend, sondern als wesentlich fürs Abheben und Fliegen zu verstehen. Es geht also um deutlich mehr als das Akzeptieren oder Umgehen mit Wandel. Es geht um eine positive Einstellung, eine gleichzeitig gelassene und aufmerksame Haltung der Veränderung gegenüber.

Als Unternehmen auch für tiefgreifende, Paradigmen in Frage stellende, die Spielregeln verändernde Wandelprozesse bereit sein, das lässt sich in einer Formel zusammenfassen, die lautet: Dringlichkeit x Vision x erste, kleine Schritte x Kapazität. Und das, was aus dieser Multiplikation resultiert, muss grösser sein als das wahrgenommene Risiko.

Für Sie als Unternehmerin oder Unternehmer heisst das: Sie müssen sich bewusst mit der Veränderung auseinandersetzen, proaktiv mit offenen Ohren und Augen durch die Welt laufen, Strukturen so schaffen oder ändern, dass Ihr Unternehmen schnell auf äusseren Wandel und neue Bedingungen reagieren kann. Sie müssen Ihre Leute also darauf vorbereiten, dass morgen alles schon anders sein kann, aber nicht muss: Rennen Sie also auch nicht jedem Hype hinterher, wie es viele bei jedem neuen Social-Media-Kanal zum Beispiel machen. Je komplexer die Welt wird, umso fokussierter müssen Sie werden. Sonst kommen Sie und Ihre Mitarbeitenden nicht mehr aus dem Hamsterrad heraus.

Veränderung in KMU ist also sehr häufig getrieben vom Willen zur Anpassung auf neue Gegebenheiten. Und es gibt auch hier Tierarten, die mit der Zeit aussterben, andere, die sich fortlaufend anpassen und wieder andere, die neu entstehen. Und da merken wir, dass Schumpeters Theorie zu Entstehung und Zerstörung von Unternehmen ziemlich nah mit Darwins Evolutionstheorie verwandt sein dürfte.

Statt sich von den externen Veränderungen zum Wandel motivieren bzw. zwingen zu lassen, können KMU sich auch an die Spitze von Umbrüchen setzen. Wieso sollten sie Innovation, neue Ideen und damit Entwicklung von Produkten und Dienstleistungen denn immer nur den Startups überlassen? Es gibt zahlreiche Beispiele von Unternehmen, die Jahrzehnte lang existieren und sich immer wieder neu erfinden: Wer sich nur schon die vielen Schweizer Familienunternehmen anschaut, die heute mehrere Hundert Millionen oder gar ein paar Milliarden Umsatz machen: Viele von ihnen haben als Kleinstunternehmen begonnen, sind vielleicht vom fahrenden Händler zum globalen Handelsbetrieb geworden oder haben ein lokales Geschäft zum Player im Weltmarkt gemacht. Einzelne dieser klassischen KMU haben übrigens auch ein *IPO* («Initial Public Offering») gemacht, was schlicht und einfach mit «Börsengang» übersetzt werden kann. Für heutige Startups ist das oft ein Traum (vom grossen Geld, weil dann die eigenen Aktien am Markt bewertet bzw. gekauft werden), für Familienunternehmen (und deren Mitarbeitende) war das früher eher ein Alptraum, weil familienfremde Aktionärinnen und Aktionäre vierteljährlich Bescheid wissen und möglichst gute Gewinne machen wollen, notfalls auch dann, wenn damit Entlassungen verbunden sind.

Das allzu menschliche «Ich bin nicht sicher, ob es mich morgen noch gibt» gilt also auch für Unternehmen. Es kann hier aber auch heissen (und dann ist es praktisch Gewissheit): «Ich bin nicht sicher, ob es mich morgen so wie heute noch gibt.» Zwar sieht der Quartierladen mit Bäckerei vielleicht noch fast so aus wie vor 50 Jahren, es gibt im Dorf aber nur noch einen statt zehn von dieser Sorte, weil die Mehrzahl der Brote heute in Supermärkten gekauft werden. Aus einer Branche ist eine Nische geworden, in der nur noch einzelne langfristig und als «Exoten» überleben.

Kritische Fragen an mich selbst

Kann ich äussere Bedingungen, die zum Beispiel die Politik vorgibt, gut akzeptieren?

/

Laufe ich mit offenen Augen und Ohren und proaktiv durch meine Welt oder fokussiere ich nur noch das Handy?

/

Bin ich mir bewusst, dass es mein Unternehmen schon morgen «so» vielleicht nicht mehr gibt?

3/7/A

KAPITEL 3

«Was Startups auszeichnet»

Frage A:

WIE TICKEN STARTUP-UNTERNEHMEN?

«Es geht nicht darum, die neuen Ideen umzusetzen, sondern die neuen Anforderungen zu verstehen.»
Philipp Riederle,
Schweizer KMU-Tag 2017

Damit wir uns richtig verstehen: Hier geht es (noch) nicht um den oder die Startup-Gründer(in) als Einzelperson, hier geht es um das Startup selbst, also das Unternehmen. In diesem Kleinstkosmos geht es oft zu wie in einem Taubenschlag: Tausende von Ideen, Hunderte von Pendenzen, Dutzende von fälligen Entscheiden flattern wild durcheinander, und ein häufig ziemlich kleines Trüppchen aus Idealisten und Visionären trifft sich – nein, nicht mehr in Garagen – in Gründerzentren und «Coworking Spaces».

Hier findet man dann eine Mischung aus Abenteurern, Leuten, die sich im Studium langweilen und nach Höherem streben, Programmierern, die unbedingt einmal eine App auf den Markt bringen wollen, und einen oder zwei, die eine grosse Idee haben oder auf sie warten. Wahrscheinlich waren Seeleute in Zeiten von Kolumbus oder davor ähnlich getaktet: eine verschworene Truppe mit einem gemeinsamen Ziel («Auf irgendeiner Insel werden wir schon Gold finden») und dem Willen, ihr Leben ganz diesem Ziel unterzuordnen. Und ähnlich wie bei den Seeleuten kann sich das Ziel auf der Fahrt durch die Meere immer wieder ändern: Weil der Wind sich ändert, weil andere eine Insel schon vorher entdeckt haben, weil das Geld nicht mehr für eine weitere Überfahrt reicht oder weil die Truppe ganz einfach Lust hat, ein anderes Eiland zu entdecken als das ursprünglich angepeilte.

Wir kennen jedenfalls überdurchschnittlich viele Startup-Mitarbeitende, die immer an neue Orte in die Ferien fahren oder fliegen. Sie lassen sich gerne überraschen, ziehen Motivation daraus, am Morgen nicht zu wissen, ob sie am Abend noch dieselbe Funktion haben werden, ob es dieses Startup in einer Woche nicht mehr geben wird oder ob es in zwei Monaten die dritte Investitionsrunde erfolgreich hinter sich bringt. Diese Leute sehen für sich selbst und das Startup täglich neue *Opportunities* (leicht vereinfacht «Gelegenheiten», ein Geschäft zu machen, neue Investoren zu finden oder ein Geschäftsfeld, an das man noch gar nicht gedacht hat, wenn etwa aus der für Ärzte gedachten App auch noch etwas für die Patientinnen und Patienten werden kann).

Sehr böse formuliert könnten wir sogar von Opportunisten sprechen, aber eben im ursprünglichen Wortsinn: Sie packen jede Gelegenheit beim Schopf und freuen sich über Lob und Kritik fast gleichermassen, weil beides ja Input für das Immerbesserwerden liefert. Sie passen sich, auch das gehört ja zum positiven Wortsinn von «Opportunist» jeder neuen Situation ziemlich schmerzfrei an.

Wenn Sie dieses Buch als mittelalte(r) oder ältere(r) Unternehmer(in) lesen, dann verstehen Sie wahrscheinlich ohne weitere Erklärung, dass die meisten Startup-Mitarbeitenden jung sind. Je älter und abgeklärter Sie sind, umso weniger «brauchen» Sie einen ständigen Wechsel bei Zielen und Ideen. Aber lassen Sie sich nicht täuschen: Bei aller Lockerheit in Startup-Büros und -Werkstätten sind die meisten doch ganz schön taff, wenn es um die wichtigen Dinge für den Erfolg geht. Auch in Sneakers und Jeans lässt sich nämlich ein überzeugender Businessplan schreiben und zwischen zwei Partien Tischfussball kann man durchaus strategisch wichtige Entscheide fällen.

Zusammenfassend jedenfalls lässt sich sagen, dass Startups wohl etwas schneller «ticken» als die meisten etablierten Unternehmen. Sie verabschieden sich leichter von als falsch erkannten Wegen und Plänen und beschreiten leichter neue Wege. Startups müssen niemandem etwas beweisen (ausser vielleicht sich selbst), denn Scheitern ist der Normalfall. Wer die ersten fünf

Jahre übersteht oder vorher schon zum «Überflieger» wird, ist die Ausnahme. Wie hiess doch gleich das passende Sprichwort? «Unter den Blinden ist der Einäugige König», das heisst, wer einiges besser macht als alle anderen, der zeichnet sich aus. Ganz anders bei den KMU (jedenfalls in der Selbstwahrnehmung): Da ist der Einäugige «defizitär», weil sich alle sehend fühlen.

Startups sind aber deswegen nicht etwa ohne Ehrgeiz, ganz im Gegenteil: Noch so klein, vergleichen sie sich – durchaus naiv und gerade deswegen unbelastet! – mit Vorbildern aus dem Silicon Valley, wo Studienabbrecher(innen) dank ihren «Unicorns» zu Milliardären werden. Ihr Mindset ist international, digital, auf Wachstum ausgerichtet und sie erwarten kurzfristig eher Verlust als Gewinn – lesen Sie das kritisch aus der Perspektive Ihres Klein- oder Mittelunternehmens (Ist es vielleicht lokal, analog, auf Bewahren und laufende Gewinne ausgerichtet?). Klar, vieles fällt deshalb leicht, weil man nicht viel zu verlieren hat. Aber Lockerheit in der Umsetzung bei gleichzeitigem Nichtlockerlassen in der Vision scheint erfolgversprechend.

Kritische Fragen an mich selbst

Kenne ich selbst Startups und ihre Mitarbeitenden und wie lasse ich mich von ihnen inspirieren?

/

Was muss ich meiner Familie, meinen Mitarbeitenden, meiner Branche noch beweisen?

/

Wie gut kann ich (noch) damit umgehen, am Morgen nicht zu wissen, was mich heute erwartet?

3/7/B

KAPITEL 3

«Was Startups auszeichnet»

Frage B:

WAS TREIBT STARTUP-UNTERNEHMER(INNEN) AN?

«Scheitern muss sein dürfen.»
Gabriela Manser,
Schweizer KMU-Tag 2017

Jetzt also: Was sind das für Menschen, die sich nach der Ausbildung nicht ganz klassisch bei einem Unternehmen anstellen lassen oder die schon während des Studiums eine Firma gründen, und was treibt sie an? Die wenigsten Gründerinnen und Gründer sind unterforderte Studierende, deren eigenes Unternehmen einfach an die Stelle eines Hobbies tritt. Die meisten werden wohl von Lust getrieben (davon haben wir in den ersten Kapiteln schon einiges gelesen), von Neugier und von Ehrgeiz (was für ein hässliches Wort dafür, dass man sich weiterentwickeln und etwas erreichen möchte). Und einzelne werden nach wirklichen erfolgreichen Startups inklusive *Exit* (Ausstieg von Gründern oder Investoren mit möglichst hohem Gewinn) süchtig nach weiteren Startup-Projekten: das sind dann Mehrfach-Gründer, Business Angels oder ganz einfach Investoren.

Dass sie sich mit ihrem Verkaufsgewinn, bei dem es ja oft um mehrstellige Millionbeträge geht, nicht einfach ins Privatleben oder ins Mäzenatentum zurückziehen, zeigt, dass die genannten Treiber aktiv bleiben, selbst wenn schon

Erfolge erreicht wurden. Anzunehmen ist, dass bei diesen Menschen Glückshormone wie Dopamin, Serotonin etc. dann ausgeschüttet werden, wenn sie unternehmerische Erfolge erfahren – genauso ist das ja auch bei den KMU-Leuten. Diese sind allerdings vielleicht schon hormonverwöhnt, wenn ein einzelnes Projekt erfolgreich abgeschlossen ist oder wenn der Gewinn höher als im Vorjahr ausfällt.

Alle Motive für das selbständige Unternehmertum, wie sie in KMU anzutreffen sind, gelten natürlich auch für Startups. Speziell ausgeprägt bei heutigen Gründerinnen und Gründern sind sicherlich die Freude am Spielerischen, am täglichen Lernen und an der persönlichen Entwicklung, und der Wunsch, sich von der Masse abzuheben. Die tiefe Überzeugung, mit der eigenen Firma etwas Aussergewöhnliches zu tun, teilen viele Gründer. Und sie orientieren sich in der Regel auch an anderen, die wirklich grosse Erfolge gefeiert haben. In der digital vernetzten Welt erfährt man ja von erfolgreichen Unternehmensgründern aus der ganzen Welt und kann sich mit dieser «Peer Group» messen.

Startup-Menschen fühlen sich vom Wettbewerb mit anderen stark angezogen. Das erklärt, will man Verhaltensökonomen glauben, zum einen, dass weibliche Gründerinnen (noch) in der Unterzahl sind. Denn während Männer schon in einem Alter von vier Jahren in jedem «Fach» gerne in einen Wettbewerb mit anderen eintreten und das auch nach Niederlagen wiederholen, messen sich Frauen eher nur in Bereichen, in denen sie sich eine gute Leistung und damit einen Sieg auch zutrauen. Andererseits ziehen die zahllosen Wettbewerbe um die erfolgreichsten, innovativsten oder ganz einfach coolsten Startups natürlich auch diesen Typus an. Gerade bei TV-Shows, in denen «Battles» um Investoren richtiggehend inszeniert werden, trifft man dann hin und wieder auch auf Gründer, deren Ehrgeiz weit offensichtlicher und prägender ist als eine Business-Idee. Dass viele Startups heute mehrere Gründer haben und ihre ersten Jahre oft in Coworking- oder sogar speziellen Startup-Umgebungen erleben, zeigt aber auch, dass «Community» (mit Wettbewerb und gegenseitiger Unterstützung) eine wichtige Komponente beim Gründen ist.

KMUler dagegen müssen für Unternehmenswettbewerbe und Preisverleihungen (von denen es ja auch immer mehr gibt) oft «zwangsnominiert» werden bzw. sie weigern sich oft sogar, mitzumachen: Es könnte ja sein, dass man dann in der Öffentlichkeit zu bekannt wird und – falls es später vielleicht mal wirtschaftlich schlechter geht – auch mal negativ in den Fokus kommen. Oder man spricht einfach nicht gerne über Erfolg. Das ist bei den Startups diametral anders: Wie bei einer Schönheitskonkurrenz versucht man, die eigenen Qualitäten immer wieder zu kommunizieren. Auch, weil man permanent um finanzielle Mittel kämpft und für jede Finanzierungsrunde wieder neue Fortschritte präsentieren muss. «Geld» ist daher bei Startups immer ein wichtiger Treiber – zu Beginn sicher weniger im Sinn von Gewinn für die Gründerinnen und Gründer, aber als «Treibstoff» für Entwicklung und Umsetzung der Produkte. Umgekehrt könnte man auch sagen, dass es die «Mangelsituation» ist, die zum Treiber für unternehmerisches Tun wird: Wenn man nicht handelt, dann kommt das Aus. In vielen KMU herrscht dagegen eine «Überfluss»-Situation, die träge und satt macht.

Insgesamt aber sind die Gründer beim Start ganz sicher sehr stark von einer Vision getrieben, wahrscheinlich so ähnlich wie Bergsteiger in der Zeit, als viele Gipfel noch unberührt waren und es darum ging, wer als erstes dort oben steht. Und mit dem Start ins Unternehmertum erfasst die Gründer(innen) ein innerer Antrieb, das «Ding» zum Laufen zu bringen, der bisher ungeahnte Kräfte freisetzen kann.

Kritische Fragen an mich selbst

Was sind die Treiber für mein unternehmerisches Tun und wie haben sie sich verändert?

/

Ist «Wettbewerb» auch für mich eine wichtige Motivation, um mit der Firma Erfolg zu haben?

/

Spüre ich auch heute in meinem Unternehmertum noch einen inneren Antrieb, Dinge zum Laufen zu bringen?

3/7/C

KAPITEL 3

«Was Startups auszeichnet»

Frage C:

WAS GENAU MACHEN STARTUPS ANDERS?

«Ideen, Erfindungen, Konzepte brauchen Widerstand.»
Werner Kieser, Schweizer KMU-Tag 2013

Wenn wir in diesem Kapitel nun die deutlichsten Unterschiede zwischen heutigen Startups und reifen Klein- und Mittelunternehmen beschreiben, dann scheinen die «Verlierer» von vornherein klar: Die Gefahr besteht, dass die einen als «Popstars», die anderen als Sänger in einem lokalen Männerchor beschrieben werden, oder die einen als junge, vitale Sportlerinnen, die anderen als in die Jahre gekommene, allenfalls noch mit Walking-Stöcken laufende Spaziergängerinnen. Nun, ganz so schlimm wird es nicht kommen, aber es ist halt schon ähnlich, wie wenn man eine Nachwuchstruppe mit einer Gruppe Mitfünfziger vergleicht: Letztere haben «alles gesehen», erstere wollen noch «alles entdecken».

Und so ist eine der Konstanten im «Leben» eines Startups, dass hier dauernd um etwas *gepitcht* (wörtlich «jemandem etwas schmackhaft machen», inzwischen eine andere Bezeichnung für Wettbewerb) wird: Um das Geld der Investoren, um den Kauf des Produkts durch die Kunden, um die Job-Zusage eines Programmierers oder ganz einfach um einen Auftrag fürs eigene Unternehmen. Und weil in Startups alles schnell gehen muss (man will ja sehr schnell wachsen), hat man den idealen Pitch auf die Dauer einer Liftfahrt ausgerichtet: «Elevator Pitch» heisst das dann und meint, dass man die eigene Business-Idee in einer höchstens dreiminütigen Geschichte so erzählen können muss, dass das Gegenüber sich sofort mit seinem Geld an der Idee beteiligen will. Soweit die Theorie bzw. die Vision.

Das Gefühl, immer in irgendeinem Pitch drinzustecken, führt zu einer hohen Kadenz – so ähnlich wie bei einem Dauerlauf. Vielleicht gibt es irgendwo auf der Welt schon eine Studie, in der Blutdruck und Herzfrequenz bei Unternehmerinnen in Bezug auf ihre jeweilige Tätigkeit gemessen und ausgewertet wurden – so ähnlich wie das Fitnessarmbänder und Sportuhren heute bieten. Wir sind ziemlich sicher, dass sich viele Startup-Gründer(innen) in einem Bereich bewegen, der für gestandene KMUler schon gefährlich würde: Die «guten» Bereiche liegen mit zunehmenden Alter ja etwas tiefer. Die jungen Startup-Menschen aber fühlen sich wohl, wenn die «Pace» hoch ist. Selbst in ihren Pausen sitzen sie nicht einfach bei einem Glas Milch, sondern spielen aufregende Online-Games oder am Töggelikasten. Gleichzeitig, und das prägt unser Bild von Startups oft (zu) stark, wirken sie unheimlich «chillig». Wir vermuten allerdings, dass das eher mit ihrer lockeren Kleidung (man vergleiche nur mal neue Milliardäre in T-Shirt und Jeans wie Zuckerberg mit alten wie Gates mit Anzug und Krawatte) zu tun hat als mit dem, was geschäftlich läuft. Insgesamt aber sind die Startups jünger, schlanker, beweglicher, frecher, mutiger, unvoreingenommener, kreativer und unkonventioneller als Klein- und Mittelunternehmen in ihren mittleren und reifen Jahren.

Dass man ohne Gesichtsverlust scheitern darf und nichts beweisen muss, aber alles beweisen darf, das macht wohl den Kern des Startup-Grooves aus. Der zeigt sich dann auch im Detail: Die Truppe hat mehr Fokus, mehr Drive, mehr Freude an der Arbeit, schaut extrem weit voraus und ist kritikfähig. Am Kunden sind sie viel näher dran, weil sie erst noch herausfinden müssen, ob ihr Produkt dessen Bedürfnis ist und wie er es genau haben muss. Sie beobachten auch den Markt viel stärker, recherchieren und erarbeiten Berge von Statistiken – weil sie die Hürde des Markteintritts erst noch nehmen müssen.

Statusdenken ist den meisten völlig fremd, die Führung ist flach, möglicherweise sogar im Sinn von *Holocracy* (ein partizipatives und integratives Führungsmodell, das zu komplex ist, um in einer Klammer völlig erklärt zu werden) organisiert. Die Inhalte der Arbeit sind viel wichtiger als die Struktur, und für ein Chefbüro fehlt nicht nur das Geld, sondern vor allem das Verständnis, dass es so etwas überhaupt braucht.

Von der «Risk Taker»-Mentalität und anderen speziellen Ansätzen von Gründerinnen und Gründern haben wir schon gesprochen. Startup-Teams zeichnen sich jedoch überhaupt dadurch aus, dass sie bestimmte Herangehensweisen ganz konsequent umsetzen. Eine – in KMU kaum bekannte, bei Startups sehr häufige – Methodik ist *JTBD* («Jobs to be done»). Das ist nicht etwa eine Art von Pendenzenliste. Vielmehr geht es um die Erkenntnis, dass Menschen Produkte und Dienstleistungen nicht einfach einkaufen, sondern diese engagieren, damit sie einen Job für sie erledigen. Dieser Ansatz bringt die Startups dazu, ihre Innovationen konsequent vom Kunden her zu denken und umzusetzen. Und weil ein Grossteil von Neugründungen daran scheitert, dass es auf dem Markt keine Abnehmer für ihre doch so coolen Produkte gibt, ist JBTD ein Erfolg versprechendes Vorgehen. Denn ohne Kundinnen und Kunden ist das schönste Produkt einfach nichts wert – etwas, was auch KMU natürlich längst wissen.

Kritische Fragen an mich selbst

Wie gerne gehe ich mit meinem Unternehmen in den Wettbewerb?

/

Wie gehen wir mit Scheitern (z.B. von Projekten) in unserem Unternehmen um und wie oft gehen wir Risiken ein?

/

Denken wir bei der Entwicklung von Produkten und Dienstleistungen konsequent von den Kund(inn)en her?

4/7/A

KAPITEL 4

«Wie aus KMU Startups werden»

Frage A:

IST UNSERE ORGANISATIONS-STRUKTUR FLEXIBEL GENUG?

«Wenn wir Mitarbeiter haben wollen, die inspirieren, motivieren und was bewegen, dann kommt es in erster Linie auf uns selber an.»
Thomas König, Schweizer KMU-Tag 2015

Jetzt mal ehrlich: Wenn Sie einen Berater fragen, wie Sie Ihr Unternehmen zukunftsfähig machen, und er Ihnen dann antwortet, dass Sie es zu einem Startup machen und entsprechend handeln sollen, dann werden Sie wahrscheinlich kritisch zurückfragen: Gehts noch? Wieso sollten Sie ein kleines, mittleres oder vielleicht inzwischen sogar grösseres Unternehmen nochmals ins Embryostadium zurückbeamen wollen, wo Sie doch all die Schwierigkeiten und Herausforderungen der ersten Jahre erfolgreich hinter sich gebracht haben? Nur weil Menschen, insbesondere zwischen 40 und 60, in die Midlife-Krise kommen und sich in gewissen Fällen wieder wie Teenager benehmen, muss man dasselbe Muster doch bei KMU nicht auch noch haben – schon gar nicht freiwillig oder bewusst!

«Das geht nicht und das gibt es nicht!» werden Sie als Patron alter Schule dazu sagen oder auch als durchaus zeitgemässe Chefin auf Augenhöhe mit Mitarbeitenden. Vielleicht bringen Sie gedanklich aber doch auch die andere Variante dieses Bonmots ins Spiel: «Geht nicht» gibt es nicht. Obwohl wir das ja Mitarbeitenden und Kunden gegenüber immer wieder mal sagen, leben wir es wohl kaum so konsequent wie Startups. Bei ihnen ist es nämlich nicht nur ein Spruch, sondern Teil ihres «Mindsets». Und wenn ich denke, dass etwas geht, dann ist das ein erster Schritt dazu, dass es später gehen wird.

Und wir gehen noch weiter: Nur wenn Sie als Chefin oder Chef und als Führungskraft dieses Denken vorleben, gibt es die Chance, dass Ihre Mitarbeitenden auch in diesen «Flow» kommen und mit der Haltung «Es geht» an neue Projekte herangehen. Dazu muss natürlich die Überzeugung «Wir können das (vielleicht sogar besser als die Mitbewerber)» kommen, bei der Ihr Vorbild ebenfalls gefragt ist.

Und erst wenn Sie diese Grundhaltung(en) ebenso verinnerlicht wie zu Ihrem nach aussen vertretenen Mantra gemacht haben, dann können Sie sich die Frage dieses Kapitels stellen, ob Ihre Organisationsstruktur flexibel genug ist. Ohne diese Haltung schwingt in der Frage nämlich schon eine – sorry, oft KMU-typische – Kritik am Vorhaben und ein implizites «Das geht bei uns doch nie» mit. Ihre Haltung, Ihr Mindset ist immer wichtiger als die Organisationsstruktur. Denn Strukturen lassen sich viel einfacher andern als Menschen – das haben Sie in Ihrem beruflichen wie privaten Leben doch längst lernen dürfen, oder?

Natürlich braucht es bei Unternehmen ab einer bestimmten Grösse nun mal mehr Regeln als bei einem Kleinstbetrieb mit fünf Mitarbeitenden. Das kann ein erster Ansatz sein, um in einem mittelgrossen Unternehmen Innovationskraft und Startup-Spirit besser zu ermöglichen: Machen Sie bestehende Abteilungen oder Projektteams zu «Unternehmen im Unternehmen», indem Sie ihnen hohe Eigenständigkeit, grossen Spielraum und spannende Ziele geben. Das kann im Idealfall sehr positiv und «Kultur verändernd» wirken.

Sie «startupisieren» dann einen Bereich in Ihrem Unternehmen, mit allen Risiken, die auch eine konventionelle Gründung mit sich bringt – ergänzt um das zusätzliche Risiko, dass die übrigen Mitarbeitenden in Ihrer Firma sich allenfalls benachteiligt sehen. Lagern Sie solche Abteilungen daher im besten Fall auch räumlich aus oder gründen Sie mit einer spannenden Produkt-Idee vielleicht gleich ein rechtlich selbständiges und unter eigenem Namen auftretendes Spin-off («Auslagerung in eine eigene Firma»), das dann ohnehin ähnlich wie ein Startup funktionieren wird.

Solche Spin-off-Gründungen haben übrigens oft mehr Einfluss auf den «Rest» des Unternehmens als man annehmen könnte. Sie profitieren dann davon, dass man Ihre Innovationskraft auch von aussen viel deutlicher wahrnimmt, so dass Kunden, Mitarbeitende und potenzielle Mitarbeitende ein anderes Bild Ihrer Firma erhalten und diese umso attraktiver erscheint. Aber auch im Innern des Unternehmens findet eine Kulturveränderung statt.

Den umgekehrten Weg gehen heute oft Grossunternehmen: Sie gründen nicht aus sich heraus andere Kleinunternehmen, sondern übernehmen bestehende Startups in ihrer Branche. Aber statt sie dann – wie das bei einer Fusion klassischen Zuschnitts funktioniert – in den Grossbetrieb zu integrieren, bleiben sie selbständig und werden als «Beteiligung» geführt. Beste Beispiele sind erfolgreiche Startups wie Google oder Facebook, die inzwischen selbst Dutzende von kleineren Startups eingekauft haben und weiter einkaufen. Das tun sie oft, um deren Technologie einsetzen zu können, noch öfters, um damit an hochqualifizierte Mitarbeitende zu kommen und häufig auch einfach deshalb, weil es dann einen Mitbewerber weniger gibt.

Kritische Fragen an mich selbst

Wie eigenständig sind bei mir Abteilungen und Projekte organisiert und wie viel Spielraum geben wir ihnen?

/

Gib es in meinem Unternehmen Projekte mit «Spin-off»-Potenzial?

/

Wie konsequent lebe ich meinen Mitarbeitenden die Haltung «Es geht» vor?

4/7/B

KAPITEL 4

«Wie aus KMU Startups werden»

Frage B:

SIND MEINE MITARBEITENDEN «STARTUP-KOMPATIBEL»?

«Die Sichtweise der Mitarbeiter zu transformieren, damit sie den Sinn sehen, steht im Zentrum.»
Heike Bruch,
Schweizer KMU-Tag 2015

Das Leben ist gemein zu KMU: Unsere Organisationsstrukturen sind nur bedingt geeignet für den Startup-Spirit, und bei unseren Mitarbeitenden sind wir uns da auch nicht wirklich sicher. Denn wir Menschen, jedenfalls viele von uns, lieben das Beständige, das Verlässliche. Natürlich gehen wir auch hin und wieder ein Risiko ein, aber doch eher in den Ferien und in der Freizeit als am Arbeitsplatz. Und tatsächlich kommen die meisten von uns noch aus einer Arbeitswelt, in der man Mitarbeiterjubiläen feiert und damit Leute für ihre Treue zum Unternehmen auszeichnet – Menschen, die in ihrer Lehrfirma blieben, kamen so auf beinahe 50 Jahre. Man schloss also nicht nur mit einer Frau oder einem Mann den Bund fürs Leben, sondern auch mit einer Firma.

Auch wenn inzwischen viele alle paar Jahre ihren Arbeitsplatz wechseln, ist «Sicherheit» nach wie vor ein wichtiges Kriterium für die Wahl eines Arbeitsplatzes. Das heisst gleichzeitig, dass wohl nur eine Minderheit den Einstieg in ein Startup als erste Arbeitplatz-Wahl sieht. Und wir Klein-

und Mittelunternehmen sind ja auch interessiert daran, dass neue Mitarbeitende ein paar Jahre bei uns bleiben: Immerhin sind die Kosten, neue Mitarbeitende zu finden und so einzuarbeiten, dass sie wirklich produktiv arbeiten, nicht zu unterschätzen. Und auch hier gilt, wie in anderen Situationen: Am Ende hat man jene Mitarbeitenden, die man «verdient». Sprich: Bestimmte Arten und Grössen von Firmen ziehen einen bestimmten Typus «Mitarbeiter/in» an. Und so sind Startups und ihre «Rahmenbedingungen» natürlich fokussiert auf die «Generation Y», die nicht nur einfach die zwischen 1980 und 1999 geborenen Menschen bezeichnet, sondern – in englischer Sprache formuliert – auch eine der Charakteristiken meint, weil diese «Generation Why» («Generation Warum?») uns lieb gewordene Dinge einfach mal und immer wieder «hinterfragt».

Und da tut sich dann ein wesentlicher Unterschied in der Firmenkultur auf. Oder stellen Sie in Ihrem Unternehmen Leute spontan ein, die im Bewerbungsgespräch offen formulieren: «Ich hinterfrage Prozesse, Menschen, Organisationen gerne und stelle mir die Frage nach dem Sinn dahinter.» Sind Sie gerade unsicher geworden, ob Ihr Unternehmen das richtige für die Generation Y-Menschen ist? Eben. Die sind, was ihre Motive fürs Arbeiten betrifft, sehr gut für

Startups geeignet. Sie nehmen nämlich Nachteile wie tieferen Lohn und weniger Sicherheit gerne in Kauf, wenn sie dafür Vorteile erhalten wie neue Arbeitszeitmodelle, Arbeiten von zuhause aus oder in Co-Working-Räumen, und vor allem: Wenn sie in dem, was sie tun, einen Sinn sehen. Und dieser Sinnanspruch geht über die Sicherheit, dass das hergestellte Produkt von irgendjemanden gebraucht werden kann, hinaus. Viele suchen «Sinn» in einer nachhaltigen, ökologischen und/oder sozialen Ausrichtung des Unternehmens. *Social Entrepreneurship* heisst das dann, und wo sich der Sinn nicht von selbst ergibt (wie etwa beim Startup, das alte Fahrräder nach Afrika liefert und dort gleichzeitig Leute dafür ausbildet, Fahrräder zu verkaufen und zu reparieren), dann muss zumindest etwas für den «Sinn» abgegeben werden: Je verkaufter Kaffeekapsel, je verkauftem Mineralwasser oder je verkauftem Donut geht dann ein kleiner Betrag in ein Entwicklungshilfeprojekt.

Natürlich werden Sie jetzt einwenden, dass Ihr Unternehmen längst auch einen Teil des Gewinns an Vereine oder Hilfswerke spendet. Stimmt natürlich, und auch die meisten KMU leben schon deshalb «Social Entrepreneurship», weil sie ihre Mitarbeitenden auch bei persönlichen Problemen nicht allein lassen. Aber bei

Startups gehört diese «Sinn»-Haltung eben zur (kommunizierten und auch öffentlich gepflegten) Grundhaltung. Gutes nicht nur tun, sondern auch darüber reden.

Aber machen wir uns nichts vor: Hinter der Attraktivität von Startups für junge Mitarbeitende steht eben doch eine grundlegend andere Haltung: Hier teilt man Arbeit, Wissen und Lohn partnerschaftlich und wirbt um die Mitarbeitenden («Wir brauchen dich und deine Talente, um erfolgreich zu sein»), während bei vielen KMU noch eine «Arbeitgeber»-Haltung dominiert: Ich gebe dir Arbeit, du nimmst sie, bekommst dafür Lohn und solltest dafür dankbar sein – obwohl auch in klassischen Unternehmen die Arbeit (und der Lohn) ja eigentlich von den Kundinnen und Kunden kommt.

Oder anders gesagt: Die Bedürfnisse des Mitarbeitenden und die Bedürfnisse der Firma werden gleichwertig ins Spiel gebracht und aufeinander abgestimmt. «Flexibilität» wird dann nicht nur vom Angestellten gefordert, sondern eben auch vom Unternehmen. Und auch für KMU gilt: Wer von den Mitarbeitenden mehr Startup-Mentalität fordert, muss selbst auch mehr Startup-Mentalität beweisen.

Kritische Fragen
an mich selbst

Feiere ich in meinem Unternehmen lieber Arbeitsjubiläen verdienter Mitarbeitender oder Projekterfolge und Innovationen?

/

Wieviel «Sinn» bieten wir unseren Mitarbeitenden in ihrer täglichen Arbeit, wieviel «Unsinn» ist dabei?

/

Bin ich eher ein/e Arbeitsteiler/in oder ein klassischer Arbeitgeber/in?

4/7/C

KAPITEL 4

«Wie aus KMU Startups werden»

Frage C:

BRAUCHE ICH NEUE RÄUME UND EINEN TÖGGELIKASTEN?

«Wer sich wandelt,
muss wissen wohin.
Wer sich nicht wandelt,
muss wissen weshalb.»
Urs Fueglistaller,
Schweizer KMU-Tag 2017

Die Vorstellung hat etwas für sich: Mit einem simplen Spielgerät wie einem Töggelikasten (für einen tiefen vierstelligen Betrag bekommt man ein WM-taugliches Exemplar) das eigene Unternehmen in *No Time* («sofort») und *At No Cost* (sozusagen «gratis») vom verstaubt-traditionellen Klein- oder Mittelunternehmen zum zeitgemäss-coolen Startup zu machen. Das wäre dann eine «Gründungsgeschichte», die das Potenzial hätte, all die Garagen-Gründungen abzulösen.

Aber leider müssen wir Sie – als erfahrener KMUler haben Sie es natürlich geahnt – enttäuschen. Genauso wie aus dem Teufel kein Engel wird, nur weil er sich Flügel aus Stoff anzieht, oder aus dem Engel ein Teufel, nur weil er sich Blink-Hörnchen aufsetzt, genauso wenig können reine Äusserlichkeiten den «Groove» einer Firma von heute auf morgen ändern. Ein Töggelikasten alleine macht also definitiv nicht startup-kompatibel, von so einfachen Ursache-Wirkungs-Formeln sollten wir Abschied nehmen.

Andererseits können Sie uns glauben, dass Unternehmen, in denen die Mitarbeitenden in der Znünipause oder über Mittag tatsächlich Tischfussball spielen (und zwar nicht immer nur dieselben zwei), anders ticken als jene, in denen jeder sein Sandwich am Pult verdrückt, um ja keine produktive Zeit zu verlieren. Das Am-Bürotisch-Essen sollten sie schon aus gesundheitlichen Gründen nur in absoluten Krisenzeiten überhaupt zulassen, Tischfussball oder Pingpong oder Computerspiel-Turniere im Sitzungsraum oder Was-Auch-Immer-Spielen sollten Sie grosszügig fördern. Denn der gleiche Spieltrieb, der uns in der Freizeit Spass erleben lässt, der kann auch im Geschäft, richtig eingesetzt, innovativ wirken.

Vielleicht wissen Sie es noch nicht, aber die *Gamification* von Abläufen, seien es nun Prozesse für die Kund(inn)en oder die Mitarbeitenden, ist ein sehr zukunftsträchtiges Feld. Vereinfacht gesagt: Wenn ich mit meinen Leistungen in der Firma oder als Kunde Punkte sammeln kann, dann habe ich viel mehr Spass an der Arbeit und am Einkaufen. Und das hat gar nichts mit den Rabattmarken von früher zu tun, wo jede/r einfach so viele Punkte bekommt, wie für bestimmte Einkaufsbeträge vorgesehen. Nein, bei der Gamification kommt es auf meine Geschwindigkeit, meine Intelligenz oder Reaktionsschnelligkeit und – zuweilen – auch auf mein Glück an.

Machen wir doch ein konkretes Beispiel: Wenn im Kleinstunternehmen das Putzen der Kaffeemaschine zu den Tätigkeiten gehört, die jede/r mal übernehmen soll, dann bietet sich so ein Spiel doch an: Wer Wasser nachfüllt, bekommt Punkte. Wer Bohnen oder Kapseln nachfüllt, bekommt Punkte. Wer den Kaffeesatz oder die gebrauchten Kapseln entsorgt, bekommt Punkte undsoweiterundsofort. Am meisten Punkte gibt es für die wöchentliche Generalreinigung am Freitag (wo die Konkurrenz eh ganz klein ist, weil in modernen Unternehmen am Freitag ja höchstens noch 20 Prozent der Belegschaft da sind). Am idealsten ist es, wenn es für diese Art von Punkteverteilung bereits eine App gibt (die gibt es, wir haben nur noch nicht nach ihr gegoogelt). Und natürlich braucht es neben der Kaffeemaschine noch andere Orte und Aufgaben fürs Punktesammeln, damit auch die verschiedenen Talente der Mitarbeitenden zu ihrem Recht kommen.

Spielerisch im beruflichen Alltag unterwegs zu sein, das weckt nicht nur das Wettbewerbs- und Sieger-Gen in uns, sondern macht ganz einfach mehr Spass: Mit Homer Simpson als Begleiter ein Online-Konto bei einer Bank zu eröffnen, mit Viktor Giacobbos Kommentaren oder (wahlweise) Christa Rigozzis Interviewfragen durch ein Projektmanagement-Tool geführt zu werden, das erhöht den Spassfaktor unglaublich. Und damit werden Abläufe lieber, d.h. schneller, d.h. produktiver, d.h. kostenvermeidender, d.h. gewinnbringender umgesetzt.

Noch wesentlicher als Gamification ist es, von den Startups zu lernen, wie wichtig der Freiraum des Einzelnen für seine Produktivität ist. Wichtiger als teure Büroeinrichtigungen ist eine Art «Familienkultur»: Wir arbeiten zwar langfristig an derselben Idee, lassen aber jede und jeden nach seiner Fasson «glücklich» werden: Ob einer also am Pult sitzt oder steht, ob er um 7 oder 9 ins Büro kommt, ob im Pullover oder mit Anzug und Krawatte, ob sie auf dem Sofa im Pausenraum programmiert oder im «Lab» (so muss unbedingt auch ein Raum in Ihrem Unternehmen beschriftet werden, egal, was sich genau darin abspielt!), das alles ist «geschenkt»!

Die kommende Generation Ihrer Mitarbeitenden braucht Authentisches, das zur Firma passt und Gemeinschaftlichkeit fördert. Denn das Unternehmen ist nun eine Welt aus zumindest zwei Welten: Arbeitsplatz und Wohnplatz. Was immer das «Kultur stiftende» Fancy-Element dann ist. Denn unter uns: Töggelikästen sind sowas von gestern ;)

Kritische Fragen an mich selbst

Was gebe ich meinen Mitarbeitenden für ein Gefühl am Arbeitsplatz?

/

Wenn ich in anderen Unternehmen einen Töggelikasten sehe, bewundere oder verachte ich dieses «Kultur»-Element?

/

Welche Abläufe könnte ich in meiner Firma «gamifizieren» und was gibt es da für Chancen?

5/7/A

KAPITEL 5

«Werden wir uberisiert?»

Frage A:

BRAUCHEN WIR IMMER (NOCH) FERTIGE PRODUKTE?

«Es braucht Liebe: Liebe zum Produkt, Liebe zum Kunden.»
Thomas Binggeli, Schweizer KMU-Tag 2016

Wissen Sie, wie Sie mit einer einzigen Frage herausfinden können, ob der junge Mann oder die junge Frau, die da vor Ihnen steht und vielleicht Ihr Geld für seine/ihre Startup-Idee haben möchte, ob er oder sie also eine «richtige» Gründungspersönlichkeit ist? Fragen Sie doch einfach: «Ist deine Business-Idee eine App oder ein wirkliches Produkt?» Ist natürlich gemein, die Frage, und es gibt tatsächlich auch Apps, die sehr erfolgreich waren und sind, und einige wenige waren sogar kommerziell erfolgreich. Aber die Regel ist, dass eine App zwar ein wichtiger Teil der Geschäftsidee sein kann, aber am Ende ist sie doch immer nur ein Kanal, eine Methode, um die wirkliche Idee zu unterstützen, bekannt zu machen und Kundinnen und Kunden zu binden. Wirtschaftlich erfolgreich sein bedeutet aber auch in der Startup-Welt am Ende immer noch «Geld verdienen», und das lässt sich mit Apps nur bedingt schaffen.

Damit zurück zur Ausgangsfage. Ja, natürlich brauchen wir noch Produkte. Aber Produkte sind wohl schon immer mehr gewesen als das, was physisch vor uns steht oder liegt und was wir mit unseren Händen greifen können. Dennoch ist unsere Sehnsucht, etwas wirklich real (auch so ein Wort!) vor uns zu sehen, offensichtlich so gross, dass selbst Online-Handelsfirmen, die es seit ihrer Gründung nur im Netz gab, sich auch physische Standorte geben wollen. Dabei ist zumindest im Moment noch unklar, ob diese «Flagship»-Stores nur Existenzbeweise und eine Art «Anprobierkabinen» sind oder ob diese Verkaufsorte auch tatsächlich ein erfolgreicher Absatzkanal werden können.

Ganz analog möchten wir hier natürlich – und sei es aus schierer Nostalgie – «eine Lanze brechen» für die «Touchables», die angreifbaren Erfindungen. Denn was in der öffentlichen Wahrnehmung heute die Startups sind, das waren vor ein paar Jahrzehnten noch die «Erfinder», diese spinnigen und quirligen Daniel Düsentriebs, die vor allem technische Neuerungen erdachten. Die Erfinder sind seltsamerweise aber so gut wie von der Oberfläche verschwunden, denn ganz viele Startups haben entweder keine eigenen – vor allem keine angreifbaren – Produkte mehr anzubieten, am ehesten noch neue Dienstleistungen, oft aber auch «nur» noch neue Konzepte und Ideen. Sprich: Alle reden nur noch von der neuesten App, die die Welt revolutionieren wird. Wir würden aber gerne auch die oder den kennenlernen, die etwas wie die Post-it-Zettel erfindet – wobei uns bewusst ist, dass die Post-it-Zettel ja das Beispiel einer Umdefinition sind, durch die ein fehlerhaftes Klebeprodukt zum Problemlöser wurde! Lustigerweise, und das nur als kleine Anmerkung, finden wir, dass es für die digitale Welt noch keine wirkliche «Allerweltslösung» in Sachen «Post-it-Tool» gibt.

Aber zurück zum Produkt-Thema: Zum Einen werden ja Dienstleistungen betriebswirtschaftlich auch gern als «Produkte» bezeichnet, sozusagen als «immaterielle» Produkte. Zum Anderen ist die Entwicklung von neuen Produkten wirklich ein Kernprozess von Startups, den sie aber deutlich anders abwickeln als dies KMU über Jahrzehnte taten. Und sie tun es nicht etwa «assoziativ», sondern durchaus systematisch: Ausgehend von der Haltung «Things to be done», also einer klaren Kundensicht, gibt es da Design Thinking, MVP, Prototyping, Testing, Überarbeitung, Usability Tests, und zwar ausgerichtet auf eine bis ins Detail geplanten «Customer Journey» mit klar definierten «Touchpoints».

Die meisten Begriffe dürften auch Nicht-Startupler kennen, nur auf *MVP* («Minimal Viable Product») möchten wir hier zurückkommen. Wir Fussball- und Hockeyfans haben uns ja kaum daran gewöhnt, den besten Spieler eines Matchs im Zug der Internationalierung als «MVP» («Most Valuable Player») zu bezeichnen. Und jetzt interpretiert die Startup-Welt diese Abkürzung MVP ganz anders, nämlich als Synonym für das «Produkt mit den minimal erwartbaren Eigenschaften» (und nicht etwa im Sinn des «besten Produkts»!). Böse Zungen sprechen auch von «Dummies». Jedenfalls machen die Startups aus der Schwäche der fehlenden Zeit, um ein perfektes Produkt zu entwicklen, die Stärke, dass sie die Kundinnen und Kunden mit dem MVP konfrontieren und diese so in die Produktentwicklung einbinden.

Und aus KMU-Sicht braucht es viel Mut, mit einem noch nicht perfekten Produkt auf den Markt zu gehen. Für die Startups ist das aber ein Reality Check (braucht es das Produkt überhaupt?) und eine Möglichkeit, ganz früh Feedback von den Kunden zu erhalten. Kommt dazu, dass jede Verbesserung dann positiv als «Ernstnehmen von Kundenbedürfnissen» kommuniziert werden kann. Oft stellen Startups intern auch erwartete Kundenreaktionen anhand eines MVPs in Rollenspielen dar – auch hier also eine spielerische Herangehensweise. Was hindert uns KMU daran, das auch so auszuprobieren?

Kritische Fragen an mich selbst

Was für Startups mit realen, haptischen Produkten kenne ich und wie finde ich sie?

/

Könnte es sich mein Unternehmen leisten, mit einem «MVP» zu Kunden zu gehen?

/

Wie involvieren wir in unserem Unternehmen Kundinnen und Kunden in die Entwicklung von neuen Produkten?

5/7/B

KAPITEL 5

«Werden wir uberisiert?»

Frage B:

GIBT ES BALD EIN «UBER» IN MEINER BRANCHE?

«Die Intelligenz ausserhalb
der Unternehmen ist unendlich viel
grösser als innerhalb.»
Norbert Bolz,
Schweizer KMU-Tag 2014

Ganz nach unserer in anderen Bändchen dieser Reihe schon empfohlenen Grundhaltung («das Schlimmste erwarten, das Beste erhoffen»), empfehlen wir Ihnen klar, dass Sie auch mit der «Uberisierung» Ihrer Branche rechnen. Denn wieso sollte in Ihrer Branche das nicht möglich sein, was im Taxi-Geschäft funktioniert? Die Hauptidee hinter «Uber» ist dieselbe wie hinter «AirBnB» ist dieselbe wie hinter «Booking.com» ist dieselbe wie hinter «Flixbus» ist dieselbe wie hinter «OnlineDoctor.ch» (sorry, Tobi!) – alle diese und noch Tausende anderer Plattformen produzieren nicht selber, fahren nicht selber Taxis, vermieten nicht selber Wohnungen, bieten nicht selber Hotelzimmer an, fahren nicht selber Autobus und sind selber keine Ärztinnen oder Ärzte: Aber sie machen einen bisher für uns mühsamen oder jedenfalls als mühsam empfundenen Suchprozess tatsächlich oder jedenfalls vermeintlich einfacher.

In aller Regel sind die Gründerinnen und Gründer (oder jedenfalls ein Teil von ihnen) sogenannt «branchenfremd». Und gerade deshalb orientieren sie sich nicht daran, wie sie bestehende Strukturen mit satten Margen erhalten, sondern wie sie mit neuen Modellen diese Branche verändern können. Oft gelingt es ihnen, die schon bestehenden Anbieter einzubinden, weil sie mit der Marktmacht von Millionen von Kundinnen und Kunden für diese zum grössten Nachfrager werden. Und so schaffen sie es, den alten Traum vom Perpetuum mobile umzusetzen: Es läuft und läuft und läuft, und sie können eine Marge abschöpfen, ohne selbst die Dienstleistungen zu erbringen, die die Kunden über ihre Plattform kaufen.

Eigentlich pflügen diese Unternehmen also nicht die Branche und ihr Kerngeschäft um, sondern verschieben «nur» die Marktmacht konsequent von den Produzenten zu den Kunden, an deren Stelle die Plattformen die Preise verhandeln. Und letztlich sind es die deutlich tieferen Preise, die diese Ubers so attraktiv machen. Etwas gewagt, aber wohl nicht falsch könnte man das mit Sammelklagen vergleichen, wo sich Unternehmen nicht mit einzelnen Gegnern, sondern eben mit einer Masse von Unzufriedenen konfrontiert sehen. Und wer war nicht schon mal unzufrieden mit Preisen für Taxifahrten, Hotelzimmer oder öffentlichen Verkehr?

Dass das nie oder nur selten jemand in seiner eigenen Branche versucht, ist verständlich, weil man ja die eigene Art, Geld zu verdienen, und damit eigene Komfortzone in Frage stellen muss. Infragesteller aber sind, wie Sie weiter vorne sicher gelesen haben, eher bei Startups tätig als bei traditionellen KMU. Dennoch sind Sie als weitsichtige Unternehmerin, als Erfolg suchender Unternehmer aufgefordert, sich die kritischen Fragen in Bezug auf Ihr eigenes Unternehmen und in Bezug auf Ihre Branche selbst zu stellen. Überlegen Sie sich, welche Mechanismen bei Uber den Erfolg gebracht haben (auch wenn noch nicht auf der Gewinn-Seite, eine ganze Branche weltweit durchgerüttelt hat Uber bereits): Welche scheinbaren Selbstverständlichkeiten hat das neue Geschäftsmodell über den Haufen geworfen? Gibt es solche scheinbaren Selbstverständlichkeiten auch in Ihrer Branche? Was würde oder wird passieren, wenn diese Selbstverständlichkeiten nicht mehr gelten werden?

Und vielleicht haben Sie sich ja diese Fragen schon gestellt. Wie gesagt: Potenzial für dieses oder ähnliche Konzepte gibt es in fast jeder Branche. Haben Sie sich auch gefragt, ob Sie selbst mit Ihrem Unternehmen dann überleben können oder nicht? «Sich selbst dauernd neu erfinden» gehört zwar zum unternehmerischen Selbstverständnis und kommt in allen gut sortierten KMU-Buchhandlungen als Titel vor. Aber, Hand aufs Herz, welche KMU fallen Ihnen ein, die sich immer wieder neu erfinden? Aber natürlich können Sie sich diese Fragen auch etwas weniger dramatisch stellen, indem Sie sich in die «Denke» eines Startup-Unternehmens hineindenken, das sich heute dafür entscheidet, Ihnen morgen Ihre bisherigen Kundinnen und Kunden abzuwerben. Was würde es für eine Strategie wählen, was für ein Geschäftsmodell könnte es geben, mit dem Ihre Kunden überzeugt werden könnten?

Lassen Sie uns das kurz am Beispiel von *Freemium* (Modell, das kostenlose Dienstleistungen mit zahlungspflichtigen verbindet): Es ist für viele Online-Angebote zum Standardprogramm geworden, manchmal über drei oder mehr «Kategorien» verteilt: Am kleinsten ist die Einstiegshürde beim «Gratispaket», das Grundfunktionen einer App oder Software kostenlos anbietet. Alle «Schikanen» des Programms können die «Premium»-Abonnenten – allerdings auch zu einem «Premium-Preis» nützen. Vielleicht ist Ihr Geschäft ja für sowas geeignet, obwohl Sie heute allen für «Grundfunktionen» wie für Zusatznutzen dieselben Preise oder Stundensätze verrechnen.

Kritische Fragen
an mich selbst

Kann ich mir vorstellen, mit meinem Unternehmen und mit meiner Branche irgendwann «uberisiert» zu werden?

/

Wie zeitgemäss ist meine Dienstleistungs- und Produktepalette noch aufgestellt und wo gibt es neue Kundenbedürfnisse?

/

Fühle ich mich wohl in meiner Komfortzone und möchte ich mich am liebsten in dieser Hängematte in die Pension retten?

5/7/C

KAPITEL 5

«Werden wir uberisiert?»

Frage C:

WIE FINANZIERE ICH MEINE ENTWICKLUNG?

«Schaffen Sie auch im Finanzierungsbereich eine Beziehungskultur, die von gegenseitigem Verstehen geprägt ist.»
Beat Bernet,
Schweizer KMU-Tag 2009

Wahrscheinlich deshalb, weil sie ausschliesslich Unternehmen und Geschäftsideen mit «Sinn» auf den Markt bringen, sind sich Startups nicht zu schade, neben der eigenen Familie auch die Öffentlichkeit und «Venture Capitalists» um finanzielle Unterstützung zu fragen – wer Entwicklungshilfe im Ausland finanziert, der kann doch auch Entwicklungen in der Nähe unterstützen, werden sich viele denken.

Nein, denken sie natürlich nicht. Genauso wie sie den Kundinnen und Kunden nichts aufdrängen, sondern deren Probleme lösen, genauso bieten sie den (Mit-)Finanzierern eine meist willkommene Gelegenheit, ihr freies Kapital zinsbringender als bei einer Bank anzulegen. Zwar besteht bei Startups oft ein Chancen-Risiko-Verhältnis von 50:50 (oder auch ein noch höheres Risiko des Scheiterns). Deshalb heisst Venture Capital ja auf deutsch auch Risikokapital. Und wenn Sie ein/e erfolgreiche/r Unternehmer/in sind, dann kommen Sie selbst wohl auch als Business Angel in Frage. Sie können also anderen –

statt selbst nach Finanzierung von eigenen Projekten oder Spin-off-Firmen zu fragen – Ihr Geld zur Verfügung stellen. Das derzeit rekordtiefe Zinsniveau führt dazu, dass insbesondere von Privaten mehr Risikokapital bereitsteht als früher. Zumindest in der Schweiz war es vor zehn Jahren noch ziemlich schwierig, für Startup-Finanzierungen Geld zu finden. Heute gestalten viele Start-ups ihre Finanzierungsrunden erfolgreich. Und selbst einzelne Förderstiftungen legen ihr Geld nicht mehr konservativ an, sondern kaufen Firmenanteile.

Jedenfalls sind wir hier bei einem Thema, wo Sie als KMU-Unternehmer/in ganz sicher mitreden können. Denn der *ROI* (Return on Investment, manchmal falsch verstanden als Return of Investment) ist auch für Startup-Gründer(innen) eine wichtige Kennzahl. Sie werden vielleicht beim einen oder anderen Fachbegriff in englischer Sprache noch nachfragen müssen (vielleicht bei *Seed Capital*?), aber im Grunde sind Ihnen die betriebswirtschaftlichen Begriffe vertraut.

Einen *Businessplan* werden Sie problemlos verstehen und auch interpretieren können, denn Sie wissen ja aus jahrelanger Erfahrung, wie man Probleme kommunikativ und in Plan-Erfolgsrechnungen und Plan-Bilanzen kaschiert oder zumindest kleiner aussehen lässt, als sie es in der harten unternehmerischen Realität sind. Auch wenn Sie es nie gebraucht haben und auch heute in Ihrem Geschäft problemlos darauf verzichten könnten: Lassen Sie Ihre Mitarbeitenden für neue Projekte als «Fingerübung» den einen oder anderen Businessplan schreiben. Oder verfassen Sie selbst einen für eine Freizeitaktivität (angenommen, Sie müssten sie kommerzialisieren) oder für Ihr eigenes Leben. Sie werden, das können wir versprechen, wichtige Erkenntnisse gewinnen – zumal dann, wenn in Ihrem persönlichen Businessplan die eigene Pensionierung für den (finanziellen) ROI einen höchstwahrscheinlich negativen Einfluss haben wird.

Falls Sie aber tatsächlich für ein wichtiges Vorhaben in Ihrem Unternehmen oder für ein Spin-off Finanzierung brauchen und suchen, dann ist es wichtig, den Venture Capitalists auf «Augenhöhe» begegnen. Denken Sie von Anfang daran, dass Sie in einen «Pitch» reingehen. Viele Begriffe wirken auf den ersten Blick exotisch und sind selten auf Anhieb zu übersetzen, selbst wenn man ein gutes Englisch spricht. In aller Regel sind sie aber gut in die «alte Welt» übersetzbar und die Konstrukte leicht verständlich. Wenn Sie also in die Welt des Venture Capital eintauchen möchten (auf der Suche nach Kapital oder auf der Suche nach Anlagemöglichkeiten für Ihr Kapital), sollten Sie die neuen Begriffe kennen, sonst werden Sie als Laie eingestuft und sind per se weniger «kreditwürdig».

Im Finanzierungspitch (Startup-Leute jetzt bitte weghören!) darf man übrigens ruhig auch mal etwas frecher sein als gewohnt. Die jungen Startup-Menschen sind es ja auch, vor allem auch gegenüber Venture-Capital-Gesellschaften. Deren Vertreter sind ja schliesslich auch Profis in ihrem Fach und man darf davon ausgehen, dass sie wissen, dass in der «Szene» mitunter auch manchmal ziemlich luftige Zahlen und Gedanken umherschwirren, die sich nicht in jedem Fall mit Sicherheit konkretisieren werden, deshalb heisst es ja wie gesagt «Venture», was nicht nur Risiko, sondern auch Spekulation heissen kann.

Eine wichtige Erkenntnis für den Alltag in Klein- und Mittelunternehmen wollen wir aus dem Kapitel Finanzierung aber auf jeden Fall mitnehmen: Nicht jede geschäftliche Entwicklung muss immer organisch aus dem eigenem Cash-Flow finanziert werden. Möglicherweise lohnt es sich, einen Kunden zu beteiligen, sich eine Lösung von einem Kunden oder über Crowdfunding vorfinanzieren zu lassen. Das hat auch die hygienische Wirkung einer Prüfung, ob es diese Idee, dieses Produkt wirklich braucht (vgl. *Reality Check*).

Kritische Fragen an mich selbst

Kann ich mir vorstellen, mich als Venture Capitalist an neuen Ideen und Startups zu beteiligen?

/

Gibt es in meinem Unternehmen auch Projekte, die unsere Kund(inn)en mit- oder vorfinanzieren könnten?

/

Gibt es für mich gute Gründe dafür, die Weiterentwicklung unseres Geschäfts immer ganz allein zu finanzieren?

6/7/A

KAPITEL 6

«Sind KMU die besseren Startups?»

Frage A:

WIE WERDEN WIR SELBST ZU EINEM «HYPE»?

«Das reale Leben existiert nach wie vor.»
Wilhelm Schmid,
Schweizer KMU-Tag 2016

Im Untertitel dieses Bändchens steht «7x3 Fragen und Antworten zu Themen, bei denen Startups erfolgreicher sind». Da hören wir deutlich Ihren kursiven Einwand als KMU-Führungskraft: «Bei denen Startups erfolgreicher *scheinen*». Denn ob sie tatsächlich erfolgreicher sind, ganz allgemein und im Einzelfall, das ist keineswegs sicher. Dennoch gelingt es vielen Startups vergleichsweise schnell, die eigene Idee oder sich selbst zu «hypen». Dafür gibt es natürlich ein paar einfache Tricks, die auch wir «Digital Immigrants» leicht durchschauen: So ein Crowdfunding-Video aus der WG-Küche mit einem Produkt-Dummy zum Beispiel, im richtigen Moment auf den passenden Plattformen gepostet, das kann Wunder wirken. Das ist *Storytelling* («Geschichten erzählen» statt plumpe Werbung machen) vom Feinsten, oft mit ein, zwei gut gewählten «Wacklern» in der Aufnahme, aber im Grunde von A bis Z geplant und durchgestylt.

Wahrscheinlich fällt dieses Geschichtenerzählen den jungen Leuten so leicht, weil sie nur ein paar Jahre vorher ihren Eltern ähnliche Geschichten zu verspäteter Rückkehr beim Ausgehen oder unerklärlichen Ausfällen in der (Mittel-) Schule erfinden und erzählen mussten. Jedenfalls sind die Likes, Shares und Congratulations nicht weit, die digitale Community hat Freude an Leuten, die schräge Ideen haben. Und so nimmt der «Hype» seinen Anfang.

Uns traditionellen KMUlern fällt da nur ein afrikanisches Sprichwort ein: «Ein Baum, der fällt, macht mehr Lärm als ein Wald, der wächst.» Tatsächlich scheinen die Tatsachen, dass ein Startup einen ersten Kunden gefunden oder gar – ohne je ein Produkt auf den Markt gebracht zu haben – von einem grösseren Unternehmen gekauft wird, bei den Medien mehr Interesse zu finden als die Meldung, dass ein mittleres Schweizer Unternehmen in einer Nische eine neue Technologie zur Marktreife entwickelt hat.

Bevor wir nun ins Jammern verfallen, das uns KMU-Leuten ja ohnehin immer schwer fällt, nehmen wir uns an der eigenen Nase. Wie fällt die Reaktion in typischen Schweizer KMU denn aus, wenn sie von einem Journalisten angefragt werden, der eine vielleicht kritische Frage hat? Ungefähr so: Was will denn der von uns? Wieso hört man jahrelang nichts von der Zeitung, und dann wollen sie plötzlich alles zu einem Detailproblem wissen? Versteht denn der überhaupt etwas von unserem Business? Will uns der am

Ende einfach in die Teflonpfanne hauen? Wer ist denn das überhaupt? Kennt jemand den Verleger, der einen Artikel verhindern kann? Natürlich gibt es auch andere KMU mit Chefinnen und Chefs, die Kommunikation zurecht zu ihren Kernaufgaben zählen. Aber die genannten Fragen sind nicht erfunden, sie sind so in der Realität alle schon gefallen.

Was passiert bei der gleichen Anfrage vom selben Journalisten in einem Startup? Etwa dies: Super, wer hat ihn auf uns aufmerksam gemacht? Kann er heute schon vorbeikommen? Sollen wir das ganze Team zusammentrommeln? Können wir vielleicht einen Kunden motivieren, grad auch Auskunft zu geben? Haben wir schon Pressebilder, die wir ihm zur Verfügung stellen könnten?

Tja, so ist das im Leben: Eigene Einstellungen beeinflussen den Approach der anderen, hier der Medien. Zur offensiven Kommunikationshaltung gehört ein gewisses Selbstbewusstsein. Das «Licht unter den Scheffel stellen» ist als Haltung etwa so alt und out wie dieses Sprachbild selbst alt ist. Natürlich haben Startups neben jungen, schönen Gesichtern und hippen Ideen auch noch andere Vorteile in Sachen Medien- und Öffentlichkeitsarbeit: Sie sind oft anders als erwartet, origineller als der Durchschnitt und erzeugen so Aufmerksamkeit und Neugier. Zudem löst ihre Hemdsärmligkeit (gerade die haben wir doch auch!) auch Sympathie aus.

Jedenfalls geben sie gern Auskunft, während KMU-Führungskräfte oft Angst haben, zuviel zu erzählen. Auch hier gilt wieder: Der Newcomer (das Startup) hat nichts zu verlieren, die bisherigen Platzhirsche (KMU) aber viel. Kurz: Viele KMU sind ganz einfach nicht medientauglich.

Startups dagegen haben zu Beginn oft einfach kein Geld für (bezahlte) Werbung, so dass sie noch gerne für redaktionelle Artikel zur Verfügung stehen. Dank den zahlreichen «Pitches», also den Startup-Wettbewerben, gehören «Schönheitskonkurrenzen» im Sinn von Eigenpräsentationen auf öffentlichen Bühnen auch zu den nötigen Kernkompetenzen von Gründerinnen und Gründern.

Zum Trost für alle KMUler, die diesen Vorteil von Startups zumindest «innerlich» beklagen: Man muss sich allerdings schon im Klaren sein, dass ein «Hype» eben auch ein «Hype» ist und bleibt. Und dieses Aufflackern ist meist auch schnell wieder vorbei.

Kritische Fragen
an mich selbst

Hätte ich Freude, wenn mein Unternehmen oder ich aufgrund eines Produkts oder einer Idee «gehypt» würde?

/

Wie pflegt meine Firma und wie pflege ich die selbstbewusste Kommunikation nach aussen und innen?

/

Was könnte an unserem Unternehmen interessant für die Öffentlichkeit sein?

6/7/B

KAPITEL 6

«Sind KMU die besseren Startups?»

Frage B:

WARUM WOLLEN ALLE DIE STARTUPS UNTERSTÜTZEN?

«Mit Leidenschaft erreichen Sie
so gut wie alles.»
Wolfgang Frick,
Schweizer KMU-Tag 2017

Kennen Sie diese Szene, wenn eine Mutter mit ihrem Baby auf eine Gruppe von Bekannten oder Verwandten trifft? Wie auf Kommando sammeln sich die Menschen im Kreis um den Kinderwagen, ihre vorher ernsten Gesichter lächeln verzückt und sie murmeln und rufen in einer Art brabbelnden Geheimsprache allerlei Silben, um mit dem Kleinen zu kommunizieren und ihn fast andächtig zu bewundern.

So ähnlich wie der Kleine im Kinderwagen müssen sich Startups vorkommen, wenn sie Besuch erhalten oder sich an einem Anlass – zum Beispiel im Rahmen einer Preisverleihung – selbst vorstellen dürfen. Von allen Seiten spüren sie Interesse, Zuneigung und Staunen: Sie brauchen sozusagen nur ein wenig mit den Beinchen zu strampeln, und schon erhalten sie Hilfe und Unterstützung.

Diese absolute Aufmerksamkeit, die viele Neugründungen erfahren, hat ähnliche Gründe wie die Bewunderung für menschliche Babys: Auch das Startup hat eine Vorgeschichte, so eine Art Schwangerschaft hinter sich, in der man gebangt, gehofft und mitgelitten hat, ob es am Ende «gesund» auf die Welt kommt. Die Gründerinnen und Gründer waren in ihren Erwartungen bis zur geburtsähnlichen Gründung ebenfalls sozusagen «hormonellen» Schwankungen ausgesetzt, dachten vielleicht sogar über einen Abbruch der ganzen Sache nach, um dann umso glücklicher ihr «Baby» und dessen Start ins unternehmerische Leben anzukündigen.

Und das Baby ist zuerst einmal einfach da, ist noch unschuldig, hat (selbst) noch keine Fehler gemacht und ihm wird vielleicht von vielen schon eine grosse Zukunft und ein langes Leben vorausgesagt. Während im Privatleben Wahrsager kaum mehr nach den Aussichten für Neugeborene befragt werden, gibt es in der Startup-Welt ein buntes Durcheinander von Leuten, die bei der Beurteilung der Lebenschancen und der Erfolgsaussichten «Kaffeesatz lesen». Oft findet man diese Auguren dann in Fernsehsendungen, in denen Gründer um die Gunst von Venture Capitalists buhlen, oder in *Boot Camps* (Trainingsseminare, die Jungunternehmer fit für ihre Gründung machen).

Und natürlich, das haben wir schon deutlich gemacht, sind Startups einfach «sexier» als bereits exististierende KMU wie etwa die Versicherungsagentur mit drei Angestellten. Denn je nach

Geschäftsidee verbindet man mit ihnen die Erwartung oder Hoffnung, dass sie schnell gross und erfolgreich werden und am Ende als «Unicorn» die Welt erobern. Dieser Ruf zieht Leute an, die schnell und viel Geld verdienen wollen – von ihnen war bereits früher die Rede. Inzwischen sind das nicht mehr nur Unternehmerinnen und Unternehmer, die auch inhaltlich viel Interesse an Startups mitbringen, sondern sogar Schweizer Pensionskassen, die hier eine bessere Rendite für ihre Versicherten (und sich selber) sehen als anderswo.

Dann gibt es jene «Fans», die sich ähnlich wie bei Sportlern oder Schönheitsköniginnen im Glanz der Erfolgreichen (mit)sonnen möchten. Namentlich Politikerinnen und Politiker finden die Startup-Szene natürlich toll, weil da Neues geschieht. Das bringt für sie viel die bessere Bilder, als wenn sie zu Besuch in die besagte Versicherungsagentur gehen. Projekte, die Startups fördern, sind denn in der Politik denn auch «in»: Wirtschaftsförderer, Unis und politisch Verantwortliche wollen, dass ihre Stadt oder Region als innovativ wahrgenommen wird. Mit Fördermassnahmen und guten Rahmenbedingungen für Startups wollen deshalb viele sozusagen zum – man beachte die Analogie zur frühen Geburt eines Kindes! – *Incubator* (Ort oder Institution, die

Startups Räume und Begleitung zur Verfügung stellt) oder gar zum *Accelerator* (Programm oder Ort, wo Unterstützung für Startups von Ausbildung und Coaching bis zu Finanzierung angeboten wird).

Grosse Unternehmen, insbesondere im Dienstleistungsbreich, haben die Startup-Szene natürlich längst auch als Ort erkannt, in dem das eigene Image gepflegt werden kann, indem man Jungenunternehmen hilft. Das läuft dann schon fast unter Corporate Social Responsibility, weil das Schaffen von Arbeitsplätzen ebenso wie bei den Politiker(inne)n natürlich den guten Ruf stärkt. Gleichzeitig hilft die enge Vernetzung in dieser Szene, fürs eigene Unternehmen potenzielle Mitarbeitende («Potentials» oder «High Potentials») zu finden.

Schliesslich gibt es auch noch einen zutiefst menschlichen Grund, warum viele (auch wir!) Startups oft bewundern: Sie tun das, was wir in unserem Leben vielleicht auch mal tun wollten, aber den Mut dazu nicht hatten: Sie setzen ihre Vision, ihren Traum um!

Kritische Fragen an mich selbst

Wie ist meine Haltung zu Startups: bewundere ich sie oder gehen sie mir mit ihren «Hypes» eher auf die Nerven?

/

Was für einen Beitrag kann mein Unternehmen leisten, wenn es um die Unterstützung der Startup-Szene geht?

/

Hatte oder habe ich auch einen (unternehmerischen) Traum, den ich mit einem eigenen Startup umsetzen könnte?

6/7/C

KAPITEL 6

«Sind KMU die besseren Startups?»

Frage C:

WAS TREIBT STARTUPS ZU PROFESSIO-NALITÄT?

«1 Million Milliarden Synapsen – das ist die Zahl in Ihrem Kopf. Ich glaube nicht einmal Banker können sich die Zahl vorstellen.»
Manfred Spitzer,
Schweizer KMU-Tag 2011

A propos «Was Startups besser machen»: Wenn das Stichwort «Professionalität» fällt, dann regt sich unsere KMU-Brust und will sich weiten. Denn wenn es Unternehmen gibt, die ihre Aufgaben professionell lösen, die Mitarbeitenden professionell betreuen und die Kundinnen und Kunden ganz professionell bedienen, dann sind das doch wohl die kleinen und mittleren.

Auf den ersten Blick sieht es nämlich so aus, als ob viele Startups alles andere als professionell unterwegs seien: Sie haben eine Idee und gehen einfach mal an die Umsetzung, ohne vorher gründlich zu recherchieren, ob jemand anders diese Geschäftsidee irgendwo auf der Welt nicht schon umgesetzt hat. Sie stellen sich vor, dass sie mit dieser Idee einmal Geld verdienen können, ohne vorher die Marktchancen genauer zu klären. Sie stellen Leute ein, obwohl sie ihnen aufgrund noch fehlender Mittel nur einen Praktikantenlohn bezahlen können. Und sie richten sich ihr erstes Büro oder ihre Werkstatt in einem Zimmer ihrer WG ein, weil sie sich richtig eingerichtete

Geschäftsräume noch gar nicht leisten können. Und sie denken sich, dass «Trial and error» die richtige Strategie ist. «Einfach mal versuchen», das ist doch naiv – und also auch unprofessionell.

Und dann sieht man sich so ein Startup mal näher an und denkt sich als KMUler: Wie kann dass nur funktionieren, wie soll dieses Startup je erfolgreich werden? Da sieht man nämlich den Gründer, der selbst ein Logo entwirft, der eine Vorlage für einen Businessplan googelt, und der eine erste Website mit einem Gratistool aufsetzt. Man vergleicht das mit dem Aufwand, den viele KMU fürs eigene Erscheinungsbild und Marketing, für eine Budgetplanung oder eine neue Website treiben, und der Schuldspruch «unprofessionell» ist gefällt.

Aber zum einen haben die Startups dafür einen viel schöneren Namen und zum anderen machen sie dieses Vorgehen zu einer zumindest «gefühlten» Stärke: Das heisst im Startup-Slang nämlich «improvisieren». Und schon haben wir alles Verständnis der Welt, denn auch bei uns muss oft improvisert werden: aus Zeit- und Ressourcengründen oder weil der Kunde in kürzester Zeit etwas ganz Anderes geliefert haben möchte. Und genauso, wie wir Menschenbabys gerne beim Experimentieren zusehen, genauso gerne sehen wir es im Grunde, wenn Startups improvisieren.

Auf den zweiten Blick sieht allerdings einiges anders aus. Denn anders als etwa klassische Familienunternehmen stehen Startups praktisch dauernd unter Beobachtung und müssen (professionell!) Rechenschaft abliefern: Denn ihre Kapitalgeber erwarten regelmässig Berichte, so dass sie zum Beispiel ihre Finanzkennzahlen immer aktuell halten müssen. Um ihre Finanzierer bei Laune zu halten, sind sie angespornt, beim Verkauf ihrer Produkte dauernd am Ball zu bleiben, (fast) nie nachzulassen. Eine noch akzentuiertere Rolle spielen die Investoren natürlich bei börsenkotierten Startups oder bei solchen, die das einmal werden wollen. Hier ist die Situation dann aber wieder ähnlich wie bei KMU, die an die Börse gehen und manchmal – in letzter Zeit ist das öfters vorgekommen – auch wieder davon wegkommen, weil sie ihre Perspektiven und Strategien wieder länger als auf das nächste Halbjahr ausrichten möchten.

Aber wir sind ja beim Thema «Professionalität»: Diese fordern die *Business Angels* (das sind keine überirdischen Wesen, sondern Kapitalgeber, die ihr Knowhow und ihre Kontakte als Mentorinnen und Mentoren der Gründer einbringen) zwar. Gleichzeitig haben sie es nicht ungern, wenn die Gründerinnen und Gründer auch noch Fehler machen bzw. nicht immer wissen, was zu tun ist. Wenn diese nämlich schon «perfekt professionell» arbeiten würden, dann bräuchten sie keine Mentoren mehr.

Ebenfalls zur Professionalität gezwungen werden Gründerinnen und Gründer durch die Startup-Wettbewerbe, die mit einem perfekten «Elevator Pitch» allein längst nicht mehr zu gewinnen sind. Jedenfalls wird beim genaueren Hinsehen auf Startups klar, dass hier wahrscheinlich eine ähnliche Mischung aus Ahnungslosigkeit und Kompetenz herrscht wie in jedem Klein- und Mittelunternehmen auch. Dazu ein Beispiel: Grossunternehmen haben bei einer Website das Ziel, dass wirklich alle Funktionalitäten ausprogrammiert sind, bevor man online geht. Startups dagegen legen vor allem Wert darauf, dass im Frontend (beim Kunden) alles imponiert und funktioniert, während im Backend vielleicht einiges noch in Entwicklung ist. Kein Problem für sie: Man kann Bestellungen, bei denen aus einem Formular eine Mailnachricht wird, auch von Hand nochmals ins System eingeben. Die Digitalisierung hilft also Startups oft, professioneller zu scheinen als sie es tatsächlich schon sind.

Unterschätzen sollten wir ihre Professionalität jedoch nicht, denn oft ist auch Taktik dabei, wenn Jungunternehmer ihren Mentoren scheinbar naiv Fragen stellen.

Kritische Fragen an mich selbst

Heisst für mich «Professionalität» dasselbe wie «Perfektion» und was sind die Kriterien dafür?

/

Wie professionell oder amateurhaft begegnen mir Startup-Unternehmer(innen) im Geschäftsalltag?

/

Ist in unserem Unternehmen der Umgang mit Mitarbeitenden, Kunden und Lieferanten immer professionell?

7/7/A

KAPITEL 7

«Was bleibt und was nicht»

Frage A:

GIBT ES UNS MORGEN NOCH?

«Es gibt keine Entscheidung, die Sie falsch fällen werden, wenn Sie sich überlegen, was Ihr Enkel davon denkt, wenn Sie ihn in 20 Jahren fragen.»
Kurt Schär, Schweizer KMU-Tag 2012

Es ist wie bei der möglichen «Uberisierung» Ihrer ganzen Branche: Prognosen sind schwierig, insbesondere dann, wenn sie die Zukunft betreffen. Das stimmt, ob es nun Karl Kraus, Niels Bohr oder Mark Twain gesagt hat (das Zitat gehört zu jenen, die immer mal wieder anderen Berühmtheiten in den Mund gelegt wurden). Und John Maynard Keynes, in einem Buch mit Wirtschaftsbezug als Volkswirtschafter schon eher passend, hat es ja längst auf den Punkt gebracht, als er festhielt: «Langfristig sind wir alle tot.»

«Moderne» Startups denken nach dem Schema: Jetzt erst mal – dank der guten Idee – viel Geld akquirieren, und spätestens in zwei Jahren sind wir weg und reich. Ob es das Unternehmen, seine Idee und seine Kunden dann noch gibt, ist nicht so wichtig. Das ist ein relativ neues Denken, ganz anders als das der klassischen Gründer, die sehr viel langfristiger denken (oder dachten) und mit ihren neuen Unternehmen idealerweise ihr ganzes künftiges Leben (und auch noch das ihrer Familie) unterhalten wollen (oder wollten) und müssen (oder mussten).

Diese kurzfristigere Perspektive kann sehr entlastend sein, weil man nicht in alltäglichen Entscheiden den Eindruck hat, dass daran dann ganze kommende Familiengenerationen hängen. Startup-Groove ist vielleicht auch deshalb soviel lockerer, weil es um kurzfristige(re) Erfolge geht, an denen nicht – und wenn auch nur «gedacht» – ganze Dynastien hängen. Und während wir denken, dass Kontinuität über mehrere Lebensalter hinaus das erstrebenswerte Ziel sei, haben die Jungen offensichtlich ihren Schumpeter besser gelesen, obwohl wir ihn doch in fast jedem unserer «Fit für...»-Bändchen zitieren und sein denkerisches Konstrukt aus den Dreissiger Jahren des letzten Jahrhunderts immer wieder verwenden: Er nennt es «schöpferische Zerstörung», und sie ermöglicht letztlich erst Fortschritt und Weiterentwicklung. Und das gilt nicht nur für branchenverändernde Player wie etwa Uber, sondern im Kleinen für fast jedes Unternehmen: Es findet seine Legitimation in Bedürfnissen oder Problemen, die andere offensichtlich noch nicht befriedigen oder lösen. Und latent besteht dann immer die Gefahr für die bestehenden Unternehmen, dass der neue Mitbewerber erfolgreicher ist und so bestehende Strukturen zerstört.

Mit *LTV* («Life Time Value») versuchen die Startups zu definieren, was eine Kundin/ein Kunde im Laufe seines Kundenbezugs zur Firma für einen Wert generiert, das heisst, für wieviel Geld er Dinge kaufen, abonnieren oder leasen wird. Und dabei geht man nicht davon aus, wie lange er tatsächlich lebt, sondern wie lange er eben «unser» Kunde bleibt. Auch das ist anders als bei klassischen KMU: Dort hat man ja oft den Anspruch, die Kunden bis in Ewigkeit halten zu können. Ob das immer sinnvoll ist oder ob er/sie im Lauf der Kundenbeziehung längst zu einem Kostenfaktor statt zu einer Einnahmenquelle geworden ist, wird kaum beachtet. Heutige Startups also rechnen damit, dass der Kunde nach einer gewissen Zeit zu einem neuen Anbieter wechselt.

Genau dasselbe denkt der Startup-Mensch von den Mitarbeitenden und vom Unternehmen selbst: Sie alle kommen und gehen. Wann genau der Abschied erfolgt, ist zwar offen. Aber es ist klar, dass ich in der gemeinsamen Zeit den Life Time Value abschöpfen muss: Aus dem Mitarbeitenden all seine Kompetenzen und seine Begeisterung, aus dem Kunden all seine Bedürfnisse bzw. alle Käufe, die diese befriedigen, und aus dem Unternehmen möglichst viel an Wertsteigerung. Was nachher kommt, ist unerheblich.

Dahinter steht, jedenfalls meinen wir das, nicht unbedingt eine Darwinsche Haltung des «Hauptsache-Ich-Überlebe», sondern schlicht das gelassene Akzeptieren von Werden, Sein und Vergehen. Und vielleicht müssen auch «klassische» KMU ihrer historisch gesehen kurzen Lebensdauer bewusst werden. Wir kennen viele mengenmässig praktisch «verlorengegangene» Berufe, zum Beispiel den Konfektionsschneider, den Küfer, den Schmied, den Kleinbauern, die heute nicht oder kaum mehr gebraucht werden. Darum müssen sich alle KMU mit der langfristigen Frage befassen, ob ihre Funktion in zehn, zwanzig oder dreissig Jahren noch gefragt sein wird.

Man mag wie wir die derzeitige Diskussion über die Auswirkungen der Digitalisierung, bei der vielen – manchmal praktisch allen, auch hoch qualifizierten – Berufen (das Paradebeispiel sind die Lastwagenchauffeure) der Untergang prophezeit wird, überzogen finden. In der Tendenz aber wird die eine oder andere Entwicklung schon kommen. Was die Kapitelfrage beantwortet: Nein, morgen gibt es uns möglicherweise nicht mehr. Mit dieser Haltung gewinnen Sie Freiraum und Mut. Probieren Sie es aus!

Kritische Fragen an mich selbst

Welchen «Life Time Value» haben meine Kunden und Mitarbeitenden?

/

Muss ich wirklich (so) langfristig denken und planen?

/

Wer könnte an der Stelle unseres Unternehmens stehen, wenn es uns nicht mehr gibt?

7/7/B

KAPITEL 7

«Was bleibt und was nicht»

Frage B:

WIE WECKE ICH DIE LUST AUF WACHSTUM?

«Wenn du's eilig hast, geh alleine! Wenn's kompliziert wird, geh gemeinsam!»
Wolfgang Jenewein, Schweizer KMU-Tag 2017

Das Leben ist widersprüchlich. Kaum haben wir uns also auf die Haltung geeinigt, dass morgen schon alles vorbei sein kann, fragen wir uns (fast) abschliessend nochmals, wie wir denn bei uns selbst und bei unseren Mitarbeitenden Lust auf Wachstum wecken können. Ist eben kein Widerspruch: Je kürzer die Zeit ist, um Gewinne zu machen, umso grösser müssen sie sein. Mehrfachgründer(innen) und erfahrende Venture-Kapitalgeber(innen) reduzieren ja den Gründer- oder Unternehmenszyklus auf drei Phasen: Finanzierung, Skalierung und Exit. Und das kann sich dann – mit verschiedenen Firmen – mehrfach wiederholen. Zuerst also Geld akquirieren, um in eine Idee zu investieren. Dann Wachstum generieren, um den Firmenwert möglichst stark zu steigern. Und schliesslich verkaufen, um den grösstmöglichen Gewinn zu realisieren.

Das Unternehmerleben ist also doch viel einfacher, als wir immer dachten. Da geht es ja fast ausschliesslich um Zahlen. Und tatsächlich lassen sich die wesentlichen Anspruchsgruppen ja von Zahlen begeistern und motivieren: Die

Kapitalgeber von der Aussicht auf satte Rendite, die Kundinnen und Kunden von – dank Skalierung – tiefen Preisen und die Mitarbeitenden von Löhnen und Beteiligungsmodellen.

Fürs Wachstum, das ja zumindest in qualitativer, häufig aber auch in quantitativer Hinsicht für alle Klein- und Mittelunternehmen wichtig ist, braucht es die richtigen Produkte und die passenden Mitarbeitenden. Wenn Startups von «Skalierbarkeit» sprechen, dann ist damit oft jener Vorteil gemeint, der schon früher bei der Industrialisierung – zumindest ein Stück weit – zu beobachten war: Wenn ich Produkte mit einer Maschine in einer hohen Stückzahl herstellen kann, dann sinken die Kosten pro Stück, zumindest solange, wie die Menge mit der einen Maschine bewältigt werden kann. Wenn ich mir dann auch noch den Mitarbeitenden sparen kann, der die Maschine überwacht oder Material von Hand einlegt, dann sinken die Kosten nochmals.

In der digitalen Welt spielt derselbe Effekt, einfach in einer exponentiell höheren Ausprägung. Schauen wir uns das am Beispiel einer «App» an, die ja gerade deswegen so eine Art «Lieblingsprodukt» bei vielen Gründer(inne)n ist, weil sie so wunderbar leicht zu skalieren ist. Ob ich sie nämlich für eine Person programmiere oder ob sie Millionen von Menschen downloaden und einsetzen, das spielt für die Programmierung nur eine untergeordnete Rolle. Dasselbe gilt für Plattformen wie Social Media. Wirklich zu Buche schlagen bei Millionen von Usern dann aber plötzlich die Kosten für Server, weil ja die ungeheure Datenmenge, die gepostet wird, auch irgendwo gehostet werden muss. Aber nochmals: Eine App programmieren ist vergleichsweise günstig, sie kann potenziell von Milliarden von Leuten gebraucht werden und ist bei einem Verkauf auch leicht an ein anderes Unternehmen zu übergeben.

Allerdings sind Startups, die dank «Bestsellern» schnell wachsen, heute nicht mehr der Normalfall. Oft passen sie ihre Strategie dann an und sind zufrieden, dass der *Longtail* genannte Effekt auch ihnen zu Auskommen und Gewinn verhilft: Dass also auch wenig nachgefragte Produkte in einem global vernetzten Markt am Ende genügend Umsatz generieren können. Stellen Sie sich dazu einfach vor, Sie würden weltweit den Mist des Kleinviehs einsammeln und dann an einem Ort zusammenführen. Ungefähr so ähnlich läuft das.

Nun, wer Wachstum will und braucht, der sucht sich Leute, die selbst Lust haben, über sich selbst hinauszuwachsen: *Reaching the stars* heisst die Devise dann, nicht KMU-like auch mal ausruhen und den Erfolg «verzehren». Klein- und Mittelunternehmen haben ja oft «Cash Cows» in ihrem Sortiment, die jahre- oder gar jahrzehntelang eine ganze Belegschaft samt Inhaberfamilie ernähren. Das heisst dann «Abschöpfen». Wenn sie in neue Projekte oder Märkte gehen und damit weniger abschöpfen können, empfinden sie das als eine Art Verlust, obwohl es doch eine Investion ist. Bei Startups gibt es dagegen fast ausschliesslich «Rising Stars». Und bevor sie, zum Beispiel im Land der Gründung, zu «Cash Cows» werden, versucht man mit den erwirtschafteten Mitteln dasselbe Geschäftsmodell in anderen Ländern zu implementieren.

KMU dagegen würden vielleicht den Erfolg im eigenen Land mal geniessen. Sie fragen sich auch ganz nüchtern, ob sie überhaupt wachsen müssen oder ob sie getreu ihrem schweizerischen Naturell auch den Erfolg einfach «bewahren» können. Wenn diese KMUler dann Startup-Gründer hören, die von einem Trade Sale über eine Exit-Strategie schwärmen, dann fragen sie sich: Will ich mir diese «Hop-On-Hop-Off»-Sache wirklich antun oder mache ich (m)ein Ding, dieses eine dafür richtig und nachhaltig? Und auch das kann ein richtiger, unternehmerischer Entscheid sein.

Kritische Fragen an mich selbst

Gehört Wachstum zu den Zielen meines Unternehmens und wie mache ich meine Mitarbeitenden dafür fit?

/

Kann ich mir einen Verkauf der Firma überhaupt vorstellen?

/

Bin ich vom «Unternehmer» schon zum «Abschöpfer» geworden und macht mir das wirklich Freude?

7/7/C

KAPITEL 7

«Was bleibt und was nicht»

Frage C:

WIESO BEDEUTET «EXIT» NICHT DAS ENDE?

«Wenn du alles gleichzeitig machst, dann machst du nichts mehr richtig.»
Anitra Eggler, Schweizer KMU-Tag 2016

Erklären müssen wir Exit an dieser Stelle nicht mehr, das haben wir ja vorweggenommen. Aber der Ausstieg aus einem Unternehmen bedeutet definitiv nicht das Ende unternehmerischen Tuns. Erstens existieren die Produkte und Ideen des verkauften Unternehmens zumindest im Idealfall weiter, vielleicht unter anderem Namen, vielleicht adaptiert für andere Zwecke. Und zweitens sind ja da die Menschen, die das Startup gegründet, attraktiv gemacht und dann verkauft haben. Wenn es ein wirklich erfolgreicher Exit war, dann sind die Jungunternehmer zwar immer noch in Jeans, Sneakers und T-Shirts unterwegs, aber ihr Bankkonto ist voller als das eines klassischen Unternehmers, der vierzig Jahre lang seine Firma aufgebaut und geleitet hat.

Die junge Multimillionärin hat dann verschiedene Möglichkeiten, und nur die wenigsten entscheiden sich mit unter 30 oder knapp darüber, in Zukunft nur noch fischen oder golfen zu gehen. Auch wenn die Gefahr, dass sie mit weiteren Gründungen auch scheitern können, werden viele zum *Multipreneur*, also zur Mehrfachgründerin, gerne auch mal als *Serial Entrepreneur* bezeichnet. Das sind jene Leute, die gerne immer mal wieder etwas Neues beginnen, die ein (halbes) Leben lang Pionierinnen und Pioniere bleiben wollen und denen es schnell langweilig wird, wenn ein Unternehmen schon gut läuft. Diese «Anreisser» gab es schon früher, aber man hat sie eher skeptisch angeschaut und mit Bemerkungen wie «Der ist aber sprunghaft» oder «Die weiss einfach nicht, was sie will» grad mal eingeteilt. Im Gegensatz dazu sind Multipreneure heute die Helden der (studentischen) Jugend: Denn sie haben offensichtlich den ganzen Startup-Zyklus schon einmal erfolgreich absolviert, dabei Geld gemacht und sind so zu Startup-Ikonen geworden, mit denen sich Regionen, Universitäten, Freunde und Fans gerne schmücken.

Wer sich selbst nicht mehr als Pionier mit «Hands-on»-Mentalität sieht und gerne mal die anderen das Operative machen lässt (die Sache mit dem eigenen Startup war anstrengend genug), der verkauft sein Unternehmen vielleicht eher an Mitarbeitende oder sucht sich für den Alltag einen externen CEO und zieht sich in den Verwaltungsrat zurück und begleitet das eigene Unternehmen noch als Mentor (und schöpft dabei natürlich auch etwas ab vom Erfolg der Firma).

Noch häufiger allerdings kommt es vor, dass die Exit-Strategen nach ihrem Ausstieg zu jenen stossen, die als Venture-Kapitalgeber das Angenehme (Mentor für spannende Menschen und Ideen zu sein) mit dem Nützlichen (Finanzen in Projekte mit Gewinnaussichten investieren) verbinden. Das ist sehr sinnvoll, weil sie einerseits die Erfolgschancen wohl noch besser beurteilen können als Kapitalgeber ohne eigene Startup-Erfahrung und andererseits die Schwierigkeiten des Alltags in neu gegründeten Unternehmen aus eigenem Erleben kennen. Ihre Glaubwürdigkeit ist also besonders hoch, und sie können ihre Vorbildfunktion wahrnehmen, ohne weiterhin direkt die operative Verantwortung zu tragen.

Einige dieser erfolgreichen Startup-Millionäre haben aus dieser Funktion selbst wieder ein Business gemacht, in das sie ihr Kapital, ihre Erfahrung, ihr Netzwerk und ihre Kontakte zu Medien und Meinungsmachern einbringen. Und so gibt es im Startup-Kosmos zahlreiche Firmen, die selbst als «Incubator» tätig sind und oft auch Projekte «matchen», zum Beispiel «Business-Idee ohne Unternehmer» mit «Startup-Unternehmerin ohne Idee». Genauso wie bei herkömmlichen KMU ist Vernetzung für die Jungfirmen ein wichtiges Thema, das sie aber nicht über die traditionellen Verbände lösen. Firmen, die sich selbst als

Incubator oder Accelerator verstehen, übernehmen genau diese Vernetzung (und verdienen im Idealfall auch weiteres Geld damit). Hier kommen dann erfahrene Menschen und bewährte Tools so zusammen, dass Neugründer möglichst schnell mit definierten Prozessen zum Erfolg geführt werden.

Allerdings wird nicht jedes Startup dank einer solchen Firma («Rocket Internet» ist eines der bekannten Beispiele) zum Erfolg. Eine Fabrik, die Unternehmen am Laufband produziert, ist zwar eine Vorstellung, die zur digitalen Welt und zu *KI* («künstliche Intelligenz») passt. Und in Ansätzen ist sie auch vorhanden, aber ohne das Scheitern vieler wäre ja der Erfolg weniger auch nicht mehr viel wert.

Jedenfalls ist eines sicher: Zurück in die «normale Welt» der Klein- und Mittelunternehmen (von den grossen Konzernen nicht zu reden) als Angestellte(r) will wohl jede(r) Startup-Gründer(in) nur im Notfall. Denn wahrscheinlich hat sie oder er auf seinem Server längst ein File mit 1000 weiteren Ideen für Startups. Zumindest ein paar davon noch zu realisieren ist sein Antrieb, immer höher zu springen, immer schneller zu werden und immer stärker zu werden. Um es mit den Lateinern zu sagen: Altius, citius, fortius.

Kritische Fragen an mich selbst

Welche Varianten kommen beim «Exit» für mich und mein Unternehmen überhaupt in Frage?

/

Was würde ich tun, wenn ich nach dem Verkauf über ein Millionenvermögen verfügen könnte?

/

Was passiert mit den 1000 Ideen, die ich für mein Unternehmen oder andere Projekte noch hätte?

A/A/A

ANHANG A

Literatur

BÜCHER, DIE WIR EMPFEHLEN

Arnold, Hermann: Wir sind Chef. Wie eine unsichtbare Revolution Unternehmen verändert. HAUFE 2016.

Dueck, Gunter: Das Neue und seine Feinde. Wie Ideen verhindert werden und wie sie sich trotzdem durchsetzen. CAMPUS 2013.

Dueck Gunter: Schwarmdumm. So blöd sind wir nur gemeinsam. CAMPUS 2015.

Fueglistaller, Urs; Halter, Frank; Fust, Alexander: KMU-Führungskompetenz: Ein Rahmenkonzept für das Führen und Reflektieren im unternehmerischen Alltag, KMU VERLAG HSG 2018.

Gassmann, Oliver; Frankenberger, Karolin; Csik, Michaela: Geschäftsmodelle entwickeln: 55 innovative Konzepte mit dem St.Galler Business Model Navigator. CARL HANSER 2013.

Grichnik, Dietmar et al.: Startup Navigator. Das Handbuch. FRANKFURTER ALLGEMEINE BUCH 2018.

Gross, Peter: Die Multioptionsgesellschaft. EDITION SUHRKAMP 1994.

Jenewein, Wolfang: Warum unsere Chefs plötzlich so nett zu uns sind und warum sie es wahrscheinlich sogar ernst meinen. ECOWIN 2018.

Schumpeter, Joseph A.: Theorie der wirtschaftlichen Entwicklung: Eine Untersuchung über Unternehmergewinn, Kapital, Kredit, Zins und den Konjunkturzyklus. DUNCKER & HUMBLOT 1935 (4. Auflage).

Stähler, Patrick: Das richtige Gründen. Werkzeugkasten für Unternehmer. MURMANN 2017.

In dieser Reihe sind bisher erschienen

Fueglistaller, Urs; Tinner, Roger; Weber, Walter: Fit für den KMU-Alltag. KMU VERLAG HSG 2012.

Fueglistaller, Urs; Halter, Frank; Tinner, Roger; Weber, Walter: Fit für die KMU-Nachfolge. KMU VERLAG HSG 2013.

Belz, Christian; Fueglistaller, Urs; Tinner, Roger; Weber, Walter: Fit für die KMU-Kunden. KMU VERLAG HSG 2014.

Fueglistaller, Urs; Tinner, Roger; Weber, Walter: Fit für die KMU-Mitarbeitenden. KMU VERLAG HSG 2015.

Fueglistaller, Urs; Tinner, Roger; Weber, Walter; Wolf, Tobias: Fit für die KMU-Erneuerung. KMU VERLAG HSG 2016.

Fueglistaller, Urs; Tinner, Roger; Weber, Walter; Wolf, Tobias: Fit für Selbstführung in KMU. KMU VERLAG HSG 2017.

DANK

Grundsätzlich lassen sich Bücher ja einfacher schreiben, wenn der Inhalt keinen Bezug zur Realität haben muss. Das wäre für ein Werk, das KMU-Führungskräfte lesen sollen, allerdings keine gute Strategie. Und diesmal bestand die Gefahr des fehlenden Praxisbezugs überhaupt nicht. Denn seit dem fünften Buch in der Reihe «Fit für...»-zum Schweizer KMU-Tag ist Tobi Wolf, Seminar- und Projektleiter am KMU-HSG, im Autorenteam. Und just dieser Tobi hat sich als Co-Gründer von «OnlineDoctor» einen Namen in der hiesigen Startup-Szene machen können, übrigens zusammen mit einem weiteren KMU-HSG-Mitarbeiter, nämlich Philipp Wustrow. Für den Rest des Autorenteams war dies natürlich willkommener Anlass, den «Hype» immer wieder kritisch zu hinterfragen und gleichzeitig möglicht so zu tun, als wäre uns drei Babyboomern längst bekannt, was die Natives bei Startups alles machen und was nicht. Unser «interner» Dank gilt daher ganz besonders Tobi Wolf, und natürlich dem bewährten Team – Mirjam Senn und Mario Tinner – für Layout, Zitatenrecherche und Korrekturen.

B/B/B

ANHANG B

DIE AUTOREN

Urs Fueglistaller

Jahrgang 1961, ist Professor für Unternehmensführung mit Schwerpunkt KMU der Universität St.Gallen (HSG) und Direktor des dortigen KMU-Instituts (KMU-HSG). Er forscht vor allem im Bereich KMU-Führungskompetenz und konsequente Kundenorientierung.

Roger Tinner

Jahrgang 1961, ist Gründer und Inhaber der St.Galler Kommunikationsagentur alea iacta ag. Ausserdem ist er Autor mehrerer Bücher zu KMU-Themen und als Geschäftsführer verschiedener Verbände tätig.

Walter Weber

Jahrgang 1965, ist CFO und GL-Mitglied am KMU-Institut der HSG. Zusammen mit Urs Fueglistaller, Tobi Wolf und Roger Tinner organisiert er jedes Jahr den Schweizer KMU-Tag.

Tobias Wolf

Jahrgang 1988, ist Seminar- und Projektleiter am KMU-Institut der HSG. Ausserdem arbeitet er an einer Dissertation zum Thema «Gerechtigkeit in Familienunternehmen». Er ist Co-Founder von OnlineDoctor.

C/C/C

ANHANG C

Notizen

MEINE EIGENEN STARTUP-LEITSÄTZE